U0207712

# 家庭节电节水 400 招

黄志平　编著

金盾出版社

## 内容提要

　　这是一本专门介绍家庭节约用水、电方法的大众科普读物。书中依据科学的基本原理和大众的实践经验,简明而又具体地讲授了日常生活中怎样节约用水、用电的各种小窍门,既科学实用,又效果明显。本书不仅能给个人与家庭减少日常消费开支,更可为国家节省宝贵的资源,是一本利国利民、家庭必备的生活参考书。

**图书在版编目(CIP)数据**

　　家庭节电节水 400 招/黄志平编著 · — 北京 : 金盾出版社,2017.3(2018.2 重印)
　　ISBN 978-7-5186-1166-9

　　Ⅰ.①家… Ⅱ.①黄… Ⅲ.①节约用水—基本知识②节电—基本知识Ⅳ.①TU991.64②TM92

　　中国版本图书馆 CIP 数据核字(2017)第 012591 号

**金盾出版社出版、总发行**

北京市太平路 5 号(地铁万寿路站往南)
邮政编码:100036　电话:68214039　83219215
传真:68276683　网址:www.jdcbs.cn
封面印刷:双峰印刷装订有限公司
正文印刷:双峰印刷装订有限公司
装订:双峰印刷装订有限公司
**各地新华书店经销**
开本:880×1230 1/32　印张:6.5　字数:109 千字
2018 年 2 月第 1 版第 4 次印刷
印数:22 001～37 000 册　定价:20.00 元

# 节 约 歌

空调不低于26度　　全国节电上亿度
多坐公交和地铁　　既省能源又便捷
在外就餐要打包　　别把节约当口号
电脑不让空运行　　两面用纸处处省
灯泡换成节能灯　　用电能省近八成
无人房间灯不亮　　人走灯灭成习惯
垃圾分类不乱扔　　回收利用好再生
买菜挎起菜篮子　　重复使用无数次
马桶水箱放块砖　　省水好用特合算
洗菜洗脸多用盆　　废水拖地或冲厕
节能电器仔细挑　　省钱才是硬指标
不用电器断电源　　节电10％能看见
买车重选经济型　　不求面子重节能
出差自备洗漱品　　巾单少换省资源

多走楼梯练身体　　少用电梯少用电
夏天西装应少穿　　不打领带为省电
处处不让水长流　　年百亿吨水不漏
岗位工作高效率　　重复劳动浪费多
轿车每周停一天　　缓解堵塞省能源
路见浪费勤制止　　身边节约大可为

——节约，从点滴小事做起

# 前　言

　　节约既是中华民族的传统美德,也是当今中国的重要课题。节约一滴水、一度电、一张纸,看上去微不足道,但13亿多人汇集起来,就是一笔相当可观的财富。

　　今天,我们之所以要大力提倡节约,原因就在于:在现代社会,节约是我们每个人义不容辞的责任;创建节约型社会,实现可持续发展,是我们在现代化过程中总结出来的经验,是从我国国情出发的一项重大决策。而对于普通老百姓来说,节约能带来的最直接好处就是省钱。在我们的日常生活中,每个月的电费、水费占据了家庭日常开支的很大一部分,每当你交纳这些费用时,也许总会责怪自己平时为什么不节省一点,但又苦于找不到简便易行的节约好方法。

　　本书就是从现代家庭生活的方方面面出发,针对家家户户天天存在的许多视而不见、习以为常的浪费现象,教你如何节约生活中的点滴用水,如何举手投足轻松省电。本书内容丰富,科学实用,通俗易懂,一学就会,非常适合广大家庭阅读使用。通过本书,大家不仅能够达到节省日常开支的目的,而且还能从中享受到生活的许多乐趣。

本书在编写过程中，参考了国内外的大量资料，可以说，这是人民群众日常生活经验的结晶。在此，我们表示衷心的感谢！

　　苏小军、卢晓雪、赵爱艳、张献光、李倩、梁明侠、黄琳、李伟等担负了资料的整理工作。

　　我们欢迎广大读者朋友对本书提出宝贵的意见和建议，让我们为创建节约型社会、创造美好的生活而共同努力！

编　者

节 电 篇

## 第一章　选购家电要考虑节能

## 第二章　养成节电的好习惯

# 节 电 篇

　　夏季空调温度不要设置过低,冰箱内食物不要存放过满,电视机亮度音量要适当,洗衣机最好选用半自动,如此等等,不一而足,均有讲究。

　　节约用电不是不用电,而是科学用电。采取技术可行、经济合理的措施,减少电能的直接和间接损耗,就能提高能源效率、保护环境。

　　节约一度电,光明在明天!

## 第一章　选购家电要考虑节能

在购买节能产品时，一定要查看产品是否贴了国家相关部门颁发的"能效"标签，只有通过国家认可的才是真正的节电产品。目前，我国的节电产品均由中国节能产品认证中心认证，该中心受理包括家用电冰箱、微波炉、电热水器、电饭煲、电视机等18类产品的节能产品认证。

### 1. 购买节能家电，认准"能效"标签

在购买节能产品时，一定要查看产品是否贴了国家相关部门颁发的"能效"标签，只有通过国家认可的才是真正的节电产品。目前，我国的节电产品均由中国节能产品认证中心认证，该中心受理包括家用电冰箱、微波炉、电热水器、电饭煲、电视机等18类产品的节能产品认证。

因此我们在选择节能型家电产品时要注意以下几点：一要查看

产品的生产日期,并查看执行标准是否最新。二要仔细对比产品说明书上所列的技术参数。三要根据自己的实际情况比较不同产品的性价比。

## 2. 什么是能效比

能效比,顾名思义,就是电器的性能与有效输入功率之比。能效比数值越大,说明该电器使用时所需要消耗的电功率就越小,则在单位时间内,该产品的耗电量也就越少,所以,在选择家电产品时,一定要关注能效比。

能效比共分为 5 级,最低级(5 级)为 2.6,每增加 0.2 减小一个级别。目前,市场上销售的大部分制冷类家电产品的机身和外包装上都贴有能效标示,所以,心里打好算盘,尽可能选择能效比高的产品。

## 3. 中国节能认证标识

如果电器商品带有蓝色的"节"字,表明该产品已经通过中国节能认证。从 1999 年 4 月开始,CECP 首先拿家用电冰箱开刀,正式开展了节能认证工作。目前,CECP 受理家用电冰箱、微波炉、电热水器、电饭煲、坐便器、电视机、电力省电装置等近 20 类产品的节能产品认证工作。CECP 的评判标准是:当时市场上 20%～30% 产品能达到的能效指标视为节能指标,把 90% 能达到的指标作为能效指标的限定值,于是,剩下 10% 就只能说再见,被淘汰掉了,并且它引导60%～70% 的产品向更高要求靠拢。

几年努力下来,目前大多数家电都能够达到这个指标,由于我国原有的节能标识只有节能与不节能之分,对产品的节能性能没有细致的划分,新的能耗标签又尚未出台,一些企业于是借用了欧洲能耗等级标识。

## *4.* 欧洲能效等级标识

　　中国的节能标志使用汉字"节",进口的能效等级标志肯定就用英文字母了。欧盟家电能效等级一共有 A、B、C、D、E、F、G 共 7 个等级,其中最高等级 A 级的耗电量比同类产品节电 45％以上。由于节能性能的不断提升,欧盟将在原有基础上对电冰箱、电冰柜能源标签引入 A＋和 A＋＋两个等级,对家用洗衣机的能效标签引入 A＋等级。A＋等级耗电量比同类产品节电 58％以上,A＋＋等级耗电量比同类产品节电 70％以上。欧盟政府对于销售能够达到 A 级或以上的销售商予以补贴,所以,在购买进口电器之前先要认准英文字母。

## 5. 买家电可以分级考虑

普通家庭买家电，可以遵循"大件选中低端，小件一步到位"的原则。以彩电为例，液晶、等离子平板电视均为上万元，其实，选购一款25英寸或29英寸的中小尺寸普通彩电也是一种较好的选择，千元上下的价格，日后升级时还可放在饭厅或卧室。而在买一些小家电时，由于价格相差不大，可选择一些高端产品。

## 6. 认真巧选小家电

第一，认品牌，主要看企业的综合实力。通常专业生产家电的企业技术研发实力强，产品质量有保障，相比其他的厂家要更值得信赖。

第二，看产品的外观、说明、标识和综合性能。外观由顾客自己喜好来定。材料以实用、易擦洗为原则。说明和标识方面，首先，要看产品是否有3C标志，其次看产品的铭牌和说明书，正规的产品上应印有产品名称、商标、型号、额定电压、频率、功率、制造商或销售商，说明书应该印刷清晰，生产厂地址、电话、维修事项等应一应俱全，随说明书一般还应附有保修卡、装箱配件单、出厂合格证等。

第三，比较同等品牌性能相似的产品价格。应货比三家，避免花高价却买了相对低值的产品。

## 7. 小家电选购四要点

第一，注重实用性。"画蛇添足"型小家电不要买，如电冰箱保护器、电视延寿器等配用型小家电，会降低大家电的可靠性，副作用颇大，利少弊多。

第二，注重安全性。选购时，要注意其电源线须为双层绝缘，线芯径大于等于 0.75 平方毫米,此外,包装要严整、标记要正规,还要具有一定的抗震性,最好是选择好品牌的商品,售后有保证。

第三,注重性价比。不要贪小便宜吃大亏,不轻易购买特价产品,以免引起不必要的麻烦。

第四,注重功能的多样性。可以选择功能多样化的产品,以便一机多用、节省开支。

## 8. 插头插座需注意

在家用电器中,小小的插头与插座,同样是省电的关键部位。

家用电器的插头与插座一定要接触良好,否则耗电量会大幅度提升,严重的话会损坏到家用电器,到时候不要因为贪小而失大。

## 9. 选择多孔插座节电吗

不少人在买插座时都选择插孔头多的,认为使用插座的数量越少,越能省电,但是这样十分不利于用电安全。如果把很多设备插在一个插座上,容易引起超负荷运行,插座线路发热后,容易引起火灾。同时,插在一起时各电器之间也容易产生干扰,而且插孔太多时容易因距离等设计不当,精度不足,可能引发触电事故。

## 第二章　养成节电的好习惯

要改变多年形成的陋习谈何容易，但要看到，节电、节能是关乎中华民族可持续发展的大事。其实，养成节电的习惯不过举手之劳，却能利家利国，造福子孙后代，何乐而不为？

## 10. 举手之劳轻松节电

一度电是个什么概念？25 瓦的灯泡能连续点亮 40 小时；家用冰箱能运行一天；普通电风扇能连续运行 15 小时；电视机能开 10 小时；能将 8 公斤的水烧开；能使电动自行车跑上 80 公里；可用电炒锅烧两个美味的菜；可借助电热淋浴器洗个舒服的澡。一度电的功劳可谓大矣。

我们还算了一笔环保账，每节约 1 度电可节约 0.4 千克标准煤与 4 升净水；同时可减少排放 0.272 千克含碳粉尘；0.997 千克二氧化碳；0.03 千克二氧化硫；0.015 千克氮氧化物等污染物。真是不算不知道,一算吓一跳,也许最大的难题是改变多年养成的习惯。别说单位电脑、电视,就是家庭电脑、电视,又有几个做到了及时关机? 更别说拔掉插头! 要改变多年形成的陋习谈何容易。但换个角度看,节电、节能是关乎中华民族可持续发展的大事,养成节电的习惯不过是举手之劳,却能利家利国,造福子孙后代,何乐而不为?

## *11.* 使用家电少开关

当一个家用电器在运行的时候,尽量要让它保持原有状态而少开关,否则,家电的启动电流一般是额定电流的数倍,开开关关之间会令使用电量大大提高。

尤其是在冬季,家用电器的工作温度相对比较高,如果过于频繁地开关,其内部元器件就有可能在高、低温度的转换中遭到损坏。以电视机为例,它的工作温度一般在 30℃ 左右,如果频繁开关,高低温循环冲击内部元件,会导致元器件阻值、容抗等参数发生变化,使整机性能下降,严重者还可能导致电视机损坏。

## *12.* 电器用完拔插头

一般的电器都有一个"待机能耗"的问题。何为"待机能耗"? 就是指家电在没有使用的时候,如果插头还插在电源上,电器所消耗的电量。在此种状态下,也同样耗电。这是因为其遥控开关、持续数字显示、内部微电脑等功能电路仍保持通电,形成待机耗能,会积少成多地消耗大量电能。

一般来说,每台电器在待机状态下耗电一般为其开机功率的10％左右,一台空调的平均待机能耗 3.47 瓦,电冰箱是 4.09 瓦,电视机是 8.07 瓦,而那些"杀手级"的家电如音响、DVD、VCD 等,一天的待机能耗都超过了 10 瓦。而 PC 的平均待机能耗更达到了 35.07 瓦。电脑显示器的待机功率消耗为 5 瓦,而打印机的待机功率消耗一般也达到 5 瓦左右,下班后不关闭它们的电源开关,一晚上将至少待机 10 小时,造成待机耗电 0.1 度,全年将因此耗电 36.5 度左右。

此外,组合音响称得上是待机消耗最大的电器,仅功放的待机功率约为 10 瓦,但 CD、DVD 机连接功放同时待机时的功率与播放时相差无几,均为 50 瓦左右,待机一晚上(10 小时)就消耗 0.5 度电。

有些电视机关闭后,显像管仍有灯丝预热,特别是遥控电视机关闭后,整机处在待用状态仍在用电。假设平均每台电视机每天待机 10 小时,待机时功率约为 10 瓦,耗电 0.1 度,则全年耗电 36 度。

所以,电器用完了,赶快拔出插头或关闭电源。

## 13. 家用电器待机耗能一览表

| 电器 | 耗电功率(瓦) | 电器 | 耗电功率(瓦) |
|---|---|---|---|
| 彩 电 | 10 | DVD | 10 |
| 空 调 | 3~5 | VCD | 10 |
| 洗衣机 | 2.5 | 音响功放 | 10 |
| 微波炉 | 3 | 录像机 | 30 |
| 抽油烟机 | 6 | 显示器 | 5 |
| 电饭煲 | 20 | 电脑主机 | 50 |
| 手机充电器 | 1.5 | 打印机 | 5 |
| DVD+音响功放 | 50 | 主机+显示器+打印机 | 60 |

## 14. 冬季家电应放在背风处

如果冬季把家电放在迎风处,开窗通风时,会使家电受到寒风的冲击而加速元器件老化,使用寿命缩短;同样的道理,家电也不能靠近热源,否则家电一面热一面冷,机器在两种温度下工作,会导致电流、电压失衡,最终损坏家用电器。为延长家用电器的寿命,正确的使用方法十分重要。电视全天播放,冰箱又开又关,抽油烟机连轴转,计算机昼夜上网,其结果必然引起"家电罢工"。因此劳逸结合使用家电,才能适当延长家电的使用寿命,也要定期进行一定的保养维护,注意一防尘土二防冻晒,这样才能更好地发挥其作用。

## 15. 高耗能的电器切勿使用同一插座

高耗能的电器如冰箱、微波炉、烤箱、复印机等要避免同时使用一个插座。因为它们的启动电流都很大,冰箱的启动电流为正常工作电流的 5 倍左右。如同时启动,插座接点及引线均难以承受,就会互相影响,产生意想不到的危害,加速电器的损耗。同时也要注意家用电器的插头与插座应接触匹配良好,才能保证家电的正常运转,否则将多耗电 40%,而且可能会损坏电器。

## 16. 灯具过脏也会增加耗电

灯具长时间不擦拭,易使灰尘聚积于灯管,影响输出效率,耗费相同的电量,光照度却明显下降,其实也是浪费。所以,灯具应至少3个月左右擦拭一次。这样可以避免污染物降低灯具的反射效率,同时又保持了良好的卫生习惯。

灯管在通电后,还应该注意一下,荧光粉涂层厚薄是否均匀,这会直接影响灯光的正常照明效果。

## 第三章　家庭装修勿忘节能

　　目前很多消费者居住的老房子或新买的住房并不是节能型住宅，如果装修以后再进行节能改造或者采取节能措施，就十分麻烦了。我们不妨在家庭装修之前搞好节能策划，利用装修的时机进行节能改造。在提高住所的舒适、时尚和安全的同时，装修出一个节能的家，在日后的生活中，既方便，又经济，成为一个节能型家庭。

## *17.* 什么样的房子更节能

　　如果你正在考虑买房，或者正在选择新居，那么，下面的几条标准可能对你有所参考。

　　第一，买房先看保温墙。在普通住宅中，冬天采暖、夏天制冷中30％的能量通过窗户、墙体散失到户外，增加了热岛效应，且浪费了能源。

目前国际上的节能建筑大都采用外保温技术，外保温墙由具有相当厚度的保温板、墙体中间的流动空气层组成，因而能有效地达到保温和隔热作用。

第二，大开间、小进深最难得。大开间小进深的住宅采光好，而南北朝向的板式设计能达到最佳的节能效果，并且能最大限度地做到通风透气。

第三，明厨明卫最重要。厨房和卫生间如果通风不好，潮气和异味充满房间，就会带来健康隐患。而且，采光不好的厨房和卫生间白天也需要开灯，一年算下来要多花不少电费。

第四，选择节能玻璃窗。一般住宅的玻璃窗采用普通玻璃，保温效果较差。而具有双重隔热隔音功能的中空镀膜玻璃，其中空层厚度达12毫米，是较理想的节能玻璃。

第五，玻璃窗比例大小适中。目前大落地窗在住宅建筑中十分流行，但从保温性能看，大面积开窗会使你多花许多空调费。如果一定要选择落地窗，要看窗玻璃是不是中空或者是多层的优质玻璃。

第六，新风系统有利空气新鲜。由于现在城市空气质量不好，长时间开窗往往会使有害气体进入室内，还会有交通噪声。而室内新风系统能把室外新鲜空气过滤后传入室内，往往比开窗效果更佳。

第七，浅色外墙更节能。色彩越重的墙壁越容易吸热，室内温度容易升高。所以，选择浅色住宅更节能。

第八，绿地面积要大。小区内道路水泥路面过多，而绿化过少，会容易形成"水泥沙漠"，从而产生热岛效应。我国新颁布的小区绿化标准要求小区绿地面积不能少于35％，而且要有不同植物的层次绿化。

一套居室如果有了这"八项原则"，每年就能省下不少电费、水费。

## 18. 住宅装修防寒保暖小窍门

如果原来外窗是单玻璃普通窗,可以调换成中空玻璃金属窗;为西向、东向的窗户安装活动外遮阳装置。

把室内的单层玻璃窗改为隔热的双层玻璃窗,一方面可以加强保温,通常能节省空调电耗 5% 左右(视窗墙比大小不同);另一方面还能更好地隔音,防止噪音污染。如果采用中空玻璃,效果会更好,双层中空玻璃利于保温。

如果是普通玻璃也可用窗帘来调节,夏天用浅色窗帘利于反射太阳光,冬天用布料窗帘助于保暖,尽量选择布质厚密、隔热保暖效果好的窗帘。

## 19. 顶层住户可考虑绿色节能办法

通过顶层铺绿工程,将耐旱、耐高温的佛甲草、午时花等种苗种植在楼顶,可达到楼层隔热降温的效果,会使楼顶温度降低 12℃ 左右。傍晚下班回家根本不用再开空调,电费省下来了,节能效果就达到了。

## 20. 家装不宜乱拆墙和暖气

很多人为了使家里看起来显得开阔就把客厅和阳台间的墙拆掉,其实这样做不科学。在建筑中,这面墙大多数其实是一道外墙,拆了,不利于保温;每个房间用多少块暖气片也都是根据房间面积设计的,随意拆减暖气或者包裹暖气片都不利于室内温度的调节。

## 21. 巧安暖气也可节能

一般的用户喜欢把暖气安装在靠窗的地方,其实这是不利于节能的,因为热量会随着窗户的敞开而散失。另外,有些家庭给暖气安上暖气罩也是不节能的,因为暖气被罩住后,热量出不来,一般会增加10％左右的能耗。

## 22. 家庭新装可多采用节能型建筑

使用建筑节能新技术,合理选择建筑物的窗墙比和体型系数,外墙、屋面和门窗采用热阻高、保温性能好的节能建筑,可使其能耗比非节能型建筑能耗下降50％以上。同时注意利用建筑物的自然采光,不但可减少照明用电,也可降低因照明器具散热所需的空调用电。

## 23. 家庭装修简单为美

一般的家庭布置,应该轻装修重装饰,不一定在装修上花大气力的家庭就一定漂亮。其实,新居装修的资金分配比例应为:装修50％,家具30％,家用电器及其他20％,这样才是合理的配置,简单的装修不仅省钱,还能节省能源,如果主人的品位高雅,在装饰上下一番工夫,一样会有美的感受。

## 24. 充分利用墙壁反射光

有没有这种感觉,在照明相同的情况下,有些房间要显得比其他房间更亮,玄机就在于墙壁的反光性能。装修时有许多人喜欢用色彩斑斓的墙壁来突显个性,其实如果能够充分利用室内墙壁受光面的反射性能,更能有效提高光的利用率,比如白色墙面的反射系数可达 70%～80%,比深色的墙面更容易节电。

实际上,充分利用室内受光面的反射性能,能非常有效地提高光的利用率。因此,家中主要起居间的天花板及墙壁应尽可能选用乳白色等浅色高反光率的装修色调,以增加光线的漫反射效果,使房间更加明亮,进而减少所需的灯具数量,同样可以节电。

如果写字台紧贴着墙面放置,台灯与桌面的距离为 20 厘米,如桌面是白色的,利用墙面的反射,可以比深色墙面节省台灯的瓦数。原来需要 60 瓦的灯泡现在 45 瓦就可以达到足够的亮度。

## 25. 家用照明根据面积选瓦数

灯泡是家庭常用的电光源,按白炽灯计算,一般来说,卫生间的照明每平方米 2 瓦就可以了;餐厅和厨房每平方米 4 瓦也足够了;而书房和客厅面积稍大些,每平方米需 8 瓦;在写字台和床头柜上的台灯可用 15～60 瓦的灯泡,最好不要超过 60 瓦。所以要根据具体情况选择,功率过大会费电,功率过小又达不到照明效果。

## 26. 灯具安装高度要合适

合理安排灯具的安装高度也可以节约电能。如 20 瓦的日光灯,若装 1 米高,照度是 60 勒克司,0.8 米高是 93.75 勒克司,高度适当放低就可减少瓦数,节约用电。

## 27. 安装多个照明器具

在需要光照度不定的地方,可安装两盏并列的灯。对光照需要不高时只打开一盏,要求高时再将两盏同时打开。大的组合式多头灯具可用多个开关分组控制,按需要选择开一组灯或多组灯。也可采用全面照明与局部照明并用的原则。全面照明无需太亮,但在较费眼力的某一区域可用局部照明来加以补足。一个房间安装多个照明器具,还能享受各种情调气氛。回路分得越细,越能利用所需使用的灯光,所以就能更省电。

## 28. 巧用花型吊灯可节电

把自己家的花型吊灯的灯泡全换成小瓦数节能型的,并且装一个分流器,在你不需要高亮度时,只开中间的大灯或边上的某一个或两个灯泡,或者只留下中间的大灯并换成中低瓦数的灯泡,把其他灯泡拿掉,平时看书报可以在台灯下看。

## 29. 节能灯选配筒灯要留空间

通常家庭装饰总喜欢将节能灯装在筒灯里使用。由于散热条件不好,对节能灯及电子元器件的耐高温性能要求很高,如果散热不良,灯壳内的温度可高达90～105℃,将对灯的性能产生严重的负面影响。所以在选配筒灯时,最好选用大一点的尺寸,不要堵塞节能灯的散热孔,使之留有足够的散热空间。

## 30. 巧用铝箔纸使灯具节能

铝箔纸光滑面有反光功能,可提高亮度,若在灯具上粘贴铝箔纸,可间接达到省电的效果,但不要用在温度高的卤素灯及白炽灯泡灯具上,以免发生危险。

## 31. 居家善用日光灯

日光灯具有发光效率高、光线柔和、寿命长、耗电少的特点,一盏 14 瓦节能日光灯的亮度相当于 75 瓦白炽灯的亮度,所以用日光灯代替白炽灯可以使耗电量大大降低。在走廊和卫生间可以安装小功率的日光灯;看电视时,只开 5 瓦节电日光灯,既节约用电,收看效果又理想;另外,还要做到人走灯灭,消灭长明灯,这些都是有效节电的好办法。

## 32. 日光灯管选细的好

传统日光灯在相同功率下,灯管细的比较省电。最常用的日光灯一般为 40 瓦,细灯管的亮度相当于粗灯管的约一倍半,需要 3 个粗灯管的场所用两根细灯管就能达到同样的亮度,相当于节省了一个灯管的用电。如果按照每个家庭每天使用 3 个小时计算,每年则可节省 22 度电。对于 T8、T5 这两种细管型日光灯而言,灯管管端涂的荧光粉还分为普通卤粉和稀土三基色粉两类。相比之下,后者的光效更好,且比前者节电 25%,即 30 瓦的稀土三基色粉灯管的亮度与 40 瓦的荧光粉灯管的亮度相一致。

## 33. 日光灯管如何延长寿命

白炽灯及日光灯管在使用到寿命的 80% 时,输出的光束约减为正常的 85%,灯会越来越暗,但所耗费的电是同样的。

在此特别提示:日光灯管用过一段时间,两端发黑、亮度减弱时,只要将灯管旋转 180 度(把两端的两个插脚调个方向)再使用,不但能延长灯管的寿命,还能提高亮度。

减少开关次数可以有效延长日光灯管的寿命,因为每次开关时峰压和电流对灯管都是很大的损害,相当于工作几个小时。同时要注意,发现灯光闪烁时就换新的启动器,使用一段时间后将两端调换过来再用,这两个方法都可以延长灯管寿命。

## 34. 节能灯替代白炽灯

节能灯是指发光效率较高的电光源。它比白炽灯节电 70%～80%,其寿命又长达 8000～10000 小时,是白炽灯的 8～10 倍。一只 5 瓦的节能灯可相当于 20 瓦日光灯亮度,11 瓦的节能灯可相当于 60 瓦的白炽灯亮度,它是一种节电新光源。

如果按照每天使用 2 小时计算,使用 11 瓦的节能灯比 60 瓦的白炽灯每个每年可节电约 36 度。

一般来说,厨房的照度应达到 50 流明,客厅照度在 60 流明比较合适。按照这个标准,考虑到灯具的效率衰减,按每天照明 3 小时计算,满足一间 5 平方米厨房的照明要求,如果采用白炽灯,需要 4 只 25 瓦的白炽灯泡,一年耗电 110 度;如果采用节能灯,只需 1 只 25 瓦的节能灯,一年耗电仅 27 度。满足一间 20 平方米客厅的照明要求,如果采用白炽灯,需要 5 只 40 瓦的白炽灯泡,一年耗电 220 度;如果采用节能灯,只需 5 只 11 瓦的节能灯,一年耗电仅 60 度。

选购节能灯应在守信誉的商店购买品牌好、有认证标志的产品,可以保证质量(国标要求节能灯具的使用寿命必须达到 5000 小时,白炽灯使用寿命要求仅 1000 小时)。不买劣质低价节能灯,以免节能不节钱。

## 35. 如何选择节能灯

选择节能灯时,第一,要看是否有国家级的检验报告,尽量采用已列入国家认证推荐的名牌节能灯。

第二,要确认产品包装是否完整,标识是否齐全,正规产品外包装上通常对节能灯的寿命、显色性、正确安装位置做出说明。打开包装后,节能灯上还应有一些必要的标志,主要有:电源电压、频率、额定功率、制造厂的名称和商标等。

第三,要作对比试验,优质节能灯所发的光与白炽灯一样,给人一种舒适的感觉,物体颜色应接近中午日光下的颜色,如果直视灯泡会感到刺眼。劣质或者假冒产品则不具有这样的特点,所发的光像蒙了一层灰,光色不舒适,在这种光的照射下,颜色会失真,直视灯泡也不会有刺眼的感觉。

第四,不要买价格过低的产品。总的来说,国产的寿命达 8000 小时的优质节能灯,其零售价在 20～30 元之间,寿命在 3000～5000 小时的一般节能灯在 15～20 元之间。

## 36. 节能灯切忌频繁开关

节能灯启动时是最耗电的,每开关一次,灯的使用寿命大约降低 3 小时左右,所以晚上开灯后如果你要出门在两个小时以内就不必关灯,而且节能灯是开后时间持续越长就越明亮越省电。厨房灯具、走廊内感应式灯具等开关频繁的场所,不宜使用节能灯。

## 37. 特殊用灯巧控制

楼梯口、过道、卫生间等处可装上两种控制开关:第一是延时开关,住顶楼的人在进一楼处按一下开关,每层灯亮,进入家时,灯全部熄灭,比一灯一开关或一灯多开关节电。第二是声控节电开关,晚上当人进入楼梯口时灯亮。人离开时灯灭,比平时长明灯大为节电。

安装电灯时,在过道、走廊等无需强光而且照度需求较低的场所,应安装瓦数低的电灯或设定隔盏开灯;在会议室、会客室、卫生间等场所,装设声控感应开关,在有人时自动开灯,没人时就自动关灯,既方便又可减少照明用电。还可以配合一种昼光感知器,它在装上之后,当太阳光线足够时,可自动地调降靠窗灯具的亮度或关闭灯具。须高照度的场所,采用一般照明加局部照明方式补强照度。并经常检查各环境照度是否适当及照明开灯数量是否合理。

## 38. 注意检查零火线

灯管有零火线之分，如果在晚上关灯之后看到灯还在闪烁，那么就是零火线接反了，会消耗一定的电能。

## 第四章 电视机

可以说,电视机是日常生活中使用频率最高的家用电器之一,所以它的节能效果更需要依靠日积月累产生。

### 39. 要选就选节能电视

可以说,电视是日常生活中使用频率最高的家用电器之一,所以它的节能功效也是日积月累产生的,尤其是大屏幕电视,耗电量很大,因而节能在很大程度上也可以延长电视的使用寿命,所以如果有条件,一定要选节能电视,这也代表了一种流行的趋势。

### 40. 电视种类多,按需巧选择

电视机从使用效果和外形上可以分为四大类:平板电视(等离子、液晶等)、CRT 显像管电视(纯平、超平、超薄 CRT 等)、背投电视、投影电视。

平板电视的优点是显示屏薄且大；缺点是可视角度、反应速度受限制，而且价格有些高。

CRT显像管电视（数字高清类）优点很多，亮度、对比度高，可视角度大、反应速度快，色彩还原也很好；但是此类电视厚且笨重，还很费电，不过价格相对便宜。

目前，DLP光显背投因其屏幕大、体积小备受欢迎；但其缺点在于液晶背投发热量高，寿命相对缩短。

投影电视（一般会议室里使用的投影仪的民用版）通常可以用来看电影，不过由于发展比较受限，并没有被大力推广。

以上是各类电视的优缺点汇总，建议大家不要盲目选购外国名牌，可以对比一下性能相同的国内成熟品牌，以节省支出。

## 41. 怎样选择平板电视

等离子和液晶都属于平板电视，具有厚度薄、重量轻、高清晰度等特点，家居生活到底要怎样选择呢？

液晶电视可以说是所有数字产品当中画面清晰度较高、占空间最少、辐射最小、最易融入家装环境的一个，40英寸以下的液晶产品是目前国内销售的主流，大尺寸液晶电视也将是未来的发展方向。而等离子电视不论是亮度、对比度还是屏幕尺寸、占空间体积都具有很强的竞争力，相比较液晶电视来说，等离子的尺寸更为自由，目前42英寸以上大屏幕平板电视基本是等离子的天下，而液晶占领了32英寸以下市场。因此，在客厅面积超过20平方米、观看距离大于2米的情况下，等离子平板电视才是客厅彩电的首选产品。

## 42. 根据观看距离选择电视机尺寸

现在的电视向着大屏幕发展，虽然说大的电视可以带来更愉快的视觉享受，但选择电视机的时候不能一味地追求画面的大小，应根据居室的面积和人坐的位置与电视的距离来合理选择。因此,家庭电视不宜过大。

## 43. 选择数字电视注意"机卡分离"

目前全国各地的数字电视运营商都为自已发射的数字信号进行了加密,所以按"机卡分离"的原则开发出来的一体机电视,能够将数字机顶盒内置于数字电视机内,不仅能大大简化解码程序,节省大量空间,也节省了消费者上千元的机顶盒购置费,因此消费者在购买数字电视前一定别忘了询问此项内容。

## 44. 购买液晶电视要留意显示尺寸

尽管我们购买液晶电视的主流尺寸都是 27 英寸、32 英寸和 37 英寸,这些能够满足各种观看需求,但最好还是选择产品线比较丰富的品牌购买,因为这些品牌的产品基本上都采用的是"第六代"液晶面板生产线,只有这样的液晶屏才能够真正达到高清数字电视的要求。目前,主流品牌的产品尺寸大都包括 42、37、32、27 英寸等规格。

## 45. 购买液晶电视不要一味求大

液晶电视的辐射范围一般在 2 米以内,而且如果长时间近距离观看大屏幕会产生视觉疲劳,因此购买时不要一味求大,而要考虑房间的大小。一般观看距离在 2～2.5 米之间,可选择 29 英寸的产品;2.5～3 米,可选择 34 英寸的产品;3.5 米以上可选择 38 英寸或者 40 英寸以上的产品。

## 46. 根据客厅大小选择背投尺寸

现在家庭购买背投电视都是放在客厅内充当视听室的,所以应结合自家的居室环境选择背投彩电的尺寸。一般来说,43英寸的背投有2米的距离、52英寸的背投有2.5～3米以上的距离就可以算是黄金视听点,即客厅20平方米以上可以选择43英寸的背投电视,25平方米以上可以选择52英寸的背投电视。

## 47. 看屏选择液晶电视

显示屏一般占整机成本的2/3,因此选好显示屏是选好液晶电视的关键,根据技术和工艺不同,分为普通PC屏、一般AV屏和专业AV屏。普通PC屏价格最便宜,主要做计算机显示器用;一般AV屏价位一般,能够满足观看模拟电视信号的需要,但接收高清信号时会有些模糊不清;而目前性能最好的应该是专业AV屏,它是液晶电视的专用屏,在图像分辨率、色彩、层次感方面都有大幅提高,可以真实再现数字高清画质,尤其适合未来接收数字电视的需要。

另外,由于电视主要运用于播放运动的画面,所以电视专用屏成本较高,目前市面上最好的屏是第六代TFT液晶电视专用屏,显示效果非常好,只有少数大厂家使用这种技术,而且造价比较高。这里提醒消费者,如果价位特别低的液晶电视也鼓吹使用这种屏幕,就很可能有问题。

## 48. 购液晶电视应看清分辨率

液晶电视一般都有最佳分辨率,也叫最大分辨率,在这种分辨率下,液晶电视才能显现出最佳的影像。目前液晶电视的分辨率主要有800×600、1024×768、1366×768、1920×1080,建议至少要选择

1024×768 的产品,才能够满足高清视频的最低要求。

## 49. 选液晶要细挑响应时间

由于成像原理的限制,液晶电视的显示响应时间普遍偏长,看图像时容易出现动态残影,因此如果电视的响应时间不佳,画面会有拖影,影响观看效果。因此选择液晶电视时,至少要满足 16 毫秒以内的响应时间,这样才能满足肉眼的视觉要求,保证电视节目的效果。当然,这一指标是越小越好。

## 50. 选液晶最好有 HDMI 接口

目前对于液晶电视来说,最好的接口标准是 HDMI,它是现在惟一可以同时传输音频和视频信号的数字接口,不但可以简化连接,而且可以提供庞大的数字信号传输所需宽带,未来影碟机、计算机、家庭影院等设备,都会积极采用这一接口,以保证获得最好的效果。因此最好选购带有 HDMI 接口的液晶电视,这样以后家庭影视电器的更换都不会影响到显示设备了。

## 51. 仔细检查液晶屏幕,防"坏点"

一般液晶屏幕都有可能出现或多或少的"坏点",如果不仔细查看很难发觉,因此消费者在购买时,一定要仔细观察屏幕。最简便的办法就是让屏幕全黑,看在一片纯黑中是否有白点出现;然后让屏幕全白,看有没有黑点;最后再换成红、绿、蓝色检查色点的完整性。如果在检查过程中,发现存在的坏点多于国家标准的话,千万不要买。

## 52. 选液晶要注意可视角度

当人的眼睛和液晶显示屏的视角大于一定角度时,有可能造成画面显示不清晰及反光度过大,看不清画面。因此,选择可视角度越大的液晶屏,越有利在各个角度观看电视画面。在购买液晶电视时,可视角度应达到上下及左右为 160～170 度,这个公认的标准,可以保证大多数场合的观看需要。

## 53. 低功耗液晶更节能

虽然同普通 CRT 显示设备相比,液晶的功耗很低,但由于功耗的大小直接影响着电视的使用寿命,功耗大,不仅费电,而且容易使显示器灯管加速老化,时间长了,显示器就会发黄、变暗。所以最好选择功耗低的节能产品。

## 54. 选电视要边看边听

选购电视机时,我们容易把所有注意力都放在检查图像质量上,但不要忽视了电视机的伴音质量,它的好坏也将直接影响到电视节目的感染能力和艺术效果。电视机的伴音质量是用不失真输出功率来表示的,在挑选电视机时,可以把电视机的调谐开关调到有节目的电视频道,直接对电视节目的声音进行鉴别和判断,伴音质量好的电视机声音悦耳动听、无杂音;音量旋钮开大时,声音洪亮、无失真、无伴音干扰图像的现象;旋动音量旋钮时,不能有"喀啦"声或声音时断时续的现象;音量旋钮旋至最小时,扬声器应无声。多比较就会选出令人满意的产品。

## 55. 最好带着熟悉影片测电视

由于各家电卖场电视展示的条件都有所不同,消费者看的是商家播放的宣传片,一时容易挑花了眼,所以建议消费者随身携带自己熟悉的 DVD 影片,到卖场去实际播放,比较一下它的颜色调整、画面反映和明暗处表现,这样有利于您选择到自己满意的产品。

## 56. 适当控制电视机的亮度和音量

当你收看电视节目时,电视机的亮度和音量要适中。电视机应避免调高画面亮度,这样可有利省电。一般彩色电视机的最亮状态比最暗状态多耗电 50%～60%,功耗相差 30 瓦～50 瓦,如 51 厘米彩色电视机最亮时功耗为 85 瓦,最暗时功耗只有 55 瓦。室内开一盏低瓦数的日光灯,把电视机亮度调暗一点,收看效果好且不易使眼疲劳。音量大,功耗就高,每增加 1 瓦的音频功率要增加 3～4 瓦的功耗,所以只要能听得清楚就可以了。白天看电视拉上窗帘避光,可相应调低电视机亮度,收看效果会更好,而且还可以延长显像管寿命,保护视力。

## 57. 不要频繁开关电视机

由于开电视时电流较大,频繁开关电视较耗电,通常开关一次电视的耗电相当于电视保持工作状态 5～7 分钟。电视机的工作温度一般在 30℃左右,如果频繁开关电视机,就会使电视机内部元器件受到高、低温的循环冲击,这样会导致元器件阻值、容抗等参数发生变化,使整机性能下降,严重者可能导致电视机损坏。因此如不想看某节目,可调小音量和亮度。白天要避免阳光直射荧光屏,可把电视机放在客厅的阴面,或者放在电视柜中。

## 58. 科学开关电视机

关电视机不宜用直接拔电源插头的方法,因为插头插进拔出时,可使电路时断时续,引起冲击大电流,既耗电能,又易损坏电视机内部零件。正确的开关方法是:先插上电源插头,再打开电视机开关;看完节目后应先关掉电视机开关,再拔出电源插头。很多人习惯用遥控器操作电视。要使用遥控器,电源就必须始终在接通状态下。实际上,电视机插入电源,显像管就会预热,电视机在待机状态下耗电一般为其开机功率的 10%,比如 21 英寸彩电每天待机 16~24 小时,那么每月耗电就为 4.23 千瓦时(度)。因此,电视机不看时应拔掉电源插头,既省电又安全。

## 59. 电视机加盖防尘罩

我们在看完电视关闭电源之后,需稍等一段时间让机器充分散热,之后最好给电视机加盖防尘罩,因为电视机吸入灰尘会增加电耗,还会影响图像和伴音质量,加上防尘罩不仅可以隔灰尘,也有利于保护电视机少受磨损。

## 60. 电视机不宜长看

夏季不宜长时间收看电视机,否则易造成热量堆积,加快机器内部元件老化。一般来说,收看 3.5 小时,就该关机 0.5 小时,让电视机休息。

## 61. 看电视也讲科学健康

由于电视机内的阻燃物在高温时会发生裂变,产生对人体有害的溴化二英,因此看电视时最好每隔 1 小时进行 10 分钟左右的通风换气,可以有效降低可吸入颗粒物和溴化二英的浓度;也不要边看电视边吃饭,这样会加剧溴化二英的吸入。

看电视时应该坐在电视机的正前方,最佳距离是电视画面对角线长度的 6 倍至 8 倍;同时注意看完电视后用温水清洗裸露的皮肤,都是可以降低危害的好办法。

# 第五章 冰 箱

冰箱是现代家庭生活不可或缺的家用电器,它能帮我们将丰盛食物的保质期大大延长。然而当我们在享受冰箱所带来的健康卫生的同时,它也消耗着大量的电能。

## 62. 选择节能冰箱

购买 24 小时工作的冰箱,省钱的办法不仅该从购买费用上考虑,还应该多想想运行费的节约,节能冰箱的能效等级越高,价格也就越贵,到底是在买时省还是用时省也是不少消费者考虑的问题。我们可以算这样一笔账,一台普通冰箱正常使用每天要用 1.2 度电,一年下来电费要 300 元左右,而一台节电 30% 的冰箱每年可节约至少 100 元钱,这样只要三年的时间就可以把购买冰箱时多出来的钱省下来,而一台冰箱至少可以用 10 年。这样一比较,哪种冰箱更省钱,您也心知肚明了吧。

## 63. 尽量选购品牌节能冰箱

选购节能冰箱首先要看节能标识,我国目前对冰箱的节能标识没有统一的硬性规定,但部分知名品牌已经参照国外的标准推行节能标识了,如"国家一级节能标准"、"欧洲能效等级"、"美国节能之星"等。这里要提醒消费者注意,欧洲节能标准并不一定优于我国的节能标准,我国目前实行的"一级节能标准"低于欧洲 A＋＋级和 A＋级标准,但高于 A 级节能标准。同时,采用高效压缩机、系统设计合理以及通过先进的制作材料和制作工艺来改善隔热效果的冰箱的节能效果将更加明显。

## 64. 选择节能冰箱要"四看"

性能好的节能冰箱可比普通冰箱节省近一半的电。一台普通冰箱每天的耗电量在 0.6～0.8 度左右,而节能冰箱每天耗电量只有 0.4 度左右。选择冰箱时,最重要的是要"四看":

一看压缩机效能。冰箱的运转最核心的就是压缩机,而压缩机并不是一直不停地运转,当冰箱内部达到所需温度时,压缩机就会停止工作。因此,压缩机能效的好坏直接影响到节能效果的优劣,冷藏同样的物品,压缩机效率越高,工作的时间就越短,电量消耗就越少。

二看冷气分布状况。冰箱内部的冷气分布状况,也会影响压缩机的制冷效果。冰箱的冷气是从后面出来的,且冷气比重大,冷气会向下部沉积,这就出现了同温区温度不均的情况,而感温探头一般安装在冰箱的上方,探测到的上方温度过高的时候,会启动压缩机工作,可是下面的冷气却过多,造成压缩机不必要的运转,白耗电能。

三看冷冻能力。在选择"节能"冰箱时,人们往往会将注意力集中在"耗电量"上。但是,"冷冻能力"高的通常耗电也多,要综合考虑才能看出哪种更节能。冷冻能力是指在 24 小时内,该冰箱能将多少千克的食物从 25℃冷冻到－18℃。"冷冻能力"直接影响保鲜度。两种总容积均为 240 多升的"节能"冰箱，一种标明 24 小时耗电 0.39千瓦时，另一种标明 24 小时耗电 0.68 千瓦时。而它们的"冷冻能力"却相差更多，第一种标明是 4 千克，而第二种标明是 20 千克。如此比较起来，还是第二种更节能。

四看功能。有的电冰箱可以对冷藏室、冷冻室的制冷单独控制，甚至可以对不同区间的温度进行精确控制。从而针对不同的食物分别设置不同的温度。这种差别化的设置，提高了储藏质量，也起到省电的作用。还有的冰箱结合"直冷式"和"风冷式"的长处，在直冷式冰箱内加入一个风扇，加速冷气扩散，减少冰箱内温差，避免冷冻室结霜，也节省电能。

## 65. 看清制冷方式再选冰箱

目前在制冷方式上，电冰箱有"直冷式"和"风冷式"两种。直冷式冰箱里没有空气流动，是凭借直接热传递来降温，优点是食物保鲜程度好，缺点是制冷比较慢、容易结霜；风冷式冰箱里面的空气是流动的，除了靠直接热传递导热外还通过空气对流导热，优点是制冷速度快，缺点是由于空气常流动，食物容易风干、脱水，需要保鲜膜的保护。所以要考虑平时物品的存放量和使用量再选择，建议存取物品次数不多的消费者选择直冷式产品。

## 66. 为节能冰箱算一笔账

购买怎样的冰箱才算是真正的划算？一般来讲，购买一台冰箱所需的费用可以分为两部分：购买费用和使用费用。你在购买冰箱的时候一般会选择怎样的呢？大多数人宁愿购买便宜的冰箱，其实，这些冰箱的耗电量往往较高。事实上，节能冰箱虽然购买费用较高，但它多出的费用可以在数年内的电费消耗中得到补偿。而在冰箱的

寿命期内,节能冰箱的整体费用反而会比普通冰箱有所降低。让我们来算一笔账:

一台国产冰箱的寿命约为10~15年,假如一台普通型冰箱能效系数为90%、平均耗电量约为1.5度;而节能型产品的能效系数为50%、平均耗电量为0.6度。按照电冰箱寿命12年、电价平均0.6元/度计算:

冰箱的运行费=平均日耗电量(度/日)×365(日/年)×12(年)×0.6(元/度)

普通冰箱:运行费用=1.5×365×12×0.6=3492元

节能冰箱:运行费用=0.6×365×12×0.6=1577元

因此,购买节能冰箱比普通冰箱在12年中节省电费:3492-1577=2365元。

也就是说,买一台节能冰箱虽然多花了几百元钱,但在使用这台冰箱的12年中节省了2365元的费用,每年节省的电费为:2365÷12=197元。

应当指出,这一计算结果受节能冰箱与普通冰箱差价、两台冰箱的耗电量差距以及消费者所在地电价的影响,电价越高,你所得到的经济收益就越大。

## 67. 电冰箱的"气候类型"

选购电冰箱,对其气候类型留意的人不多。其实,这点是不能忽视的。尤其在我国夏季气候持续、普遍的高温来临已不可避免的情况下,更应引起足够的重视。它与每个电冰箱消费者的利益有关。

电冰箱箱体背面铭牌上都标有该台电冰箱的气候类型,在电冰箱使用说明书的"技术规格"栏目中也写明了气候类型。那么,写上气候类型表明了什么意思?究竟有何作用?家用电冰箱按气候类型分为4类:亚温带型(SN),其适宜的使用环境温度为10℃~32℃;温带型(N),适宜的使用环境温度为16℃~32℃;亚热带型(ST),适宜的使用环境温度为 18℃～38℃;热带型(T),适宜的使用环境温度为18℃～43℃。不同气候类型的电冰箱,因使用环境条件不同,其设计上的要求也是不同的。超出设计时的温度条件使用,轻则效率下降、能耗增加,重则机器受损、使用寿命缩短。

我国目前市售的电冰箱多数为温带型(N)的,其在 16℃～32℃ 的温度区域内能达到各项性能指标,也基本上符合了我国大部分地区的气温实际状况,但近年来随着全球气温的变暖,我国夏季的气温也已出现了长时间、大范围地升高。有的地方,有些时候的气温已超出了温带型(N)电冰箱的使用环境温度上限(32℃),这时电冰箱就会不停地运转,这就使得许多温带型(N)的电冰箱到了夏季使用时会产生意想不到的故障。就气候趋势来看,夏季气温似乎有变暖之势。这种情况下,在不使用空调的居室环境里,既科学又稳妥的选择是选用亚热带型(ST)的电冰箱为好。

# 68. 冰箱大小要适当

电冰箱的大小以有效内容积(升)表示,选购时最好按家庭人口和生活习惯选择合适容量的冰箱。对于单身贵族来说,130 升的冰箱就足够用了。一般两口之家,190～220 升就足够用了。就算是三口之家,260～300 升的也绝对够用了。如果不是疯狂的厨艺爱好者,或者比较嫌麻烦,一周只买一次菜,否则不需要更大的冰箱。

以家庭成员每人 50～60 升估算。如一家三口最适宜采用 150 升到 180 升容量的冰箱,人口少而冰箱容量太大,不仅占地方还费电。

# 69. 冰箱要选大冷藏室小冷冻室的

冰箱容积包括冷藏室和冷冻室两部分,现在生活条件好了,一般城市居民很少一次性大量购买鲜活肉类、主食,因此太大的冷冻室不是很适用。同时由于冷冻室的温度要比冷藏室低5～10℃,如果空间过大,也会增加功耗;相反,平时吃的凉菜、喝的冷饮大都存放在冷藏室,而最常见的蔬菜、副食也需要保存在冷藏室中。因此,我们建议居家生活最好选择冷藏室偏大的冰箱。

## 70. 放置冰箱有学问

电冰箱耗电量的大小通常都会作为消费者选购的重要指标,但是这个常识数值是在特定测试条件下测出的数据,如果家庭在冰箱的放置和使用时处理不当,也会直接影响冰箱的实际耗电量。有测试表明,冰箱周围的温度每提高5℃,其内部就要增加25％的耗电量。因此,电冰箱应摆放在环境温度低且通风条件良好的地方,要远离热源,避免阳光直射,靠近墙的距离最好控制在10厘米左右,同时给顶部、左右两侧及背部都要留有适当的空间,以利于散热。电冰箱应放置在坚固平坦的地板上,同时要调整脚架高度,使正面稍高,避免门关不紧而浪费电能。而且冰箱不要与音响、电视、微波炉等电器放在一起,这些电器产生的热量会增加冰箱的耗电量。

## 71. 如何为冰箱调温

冰箱使用时一般应从较小数字开始调温,待温度稳定后,再进行第二次调温,一般调至中间即可,不需要冷冻食品时,调至"弱冷",可以更省电。

无霜式冰箱有两个温控器,使用时要将两个旋钮互相配合,既保证冷藏室温度高于0℃,又使冷冻室达到所需温度,如要快速冷冻,只需将旋钮调至"强冷"处即可,速冻后再拧回原处。

直冷式冰箱只有1个温控器,冷冻室的温度随冷藏室温度变化而变化。使用"强冷"时,使用时间不能超过5小时,以避免冷藏室食物冻结。

## 72. 冷藏室的最佳温度如何调节

许多人认为电冰箱冷藏室温度越低越好,他们把冷藏室温度调到5℃,有的甚至调到2～4℃,其实从食物保鲜效果考虑,并非温度越低越好,试验表明冷藏室的温度在8～10℃保鲜效果最佳。

根据这一要求,如冰箱冷藏室温度过低时,可用以下方法调整:取一只温度计,放在冷藏室中间一格,放好食品后调整温度旋钮使之开始下降,逐步将温度调整到适合水果、蔬菜保鲜的7～8℃即可,据测试表明,这个温度不仅保鲜效果好,而且与温度5℃相比,在盛夏季节每月节电30%以上。

## 73. 冷冻室温度设定有技巧

冷冻室的温度设定如果以－18℃代替常规的－22℃,既能达到同样的冷冻效果,又可节省30%的耗电量。目前有一种叫"超级冰袋"的节电新产品,只要把两包冰袋放在电冰箱中,当电冰箱启动制冷后,它就会吸收冷冻室内的多余热量;因为冰袋的热阻对冰箱保温层的热阻起到蓄冷作用,减少冰箱冷量的损失,每月可节电6度左右。

## 74. 冰箱节电有秘诀

应根据季节变化、食物种类和数量多少,合理调整温度控制器,使电冰箱经常处于最佳工作状态。停电时,请减少开门次数,尽量不要再往里放食品,以减少冷气散失。

每当环境温度高于10℃(有的是16℃)时,冬季补偿(节电开关)一定要关掉,防止增加开机时间和开停次数,造成不必要的浪费。

定期除霜和清除冷凝器及箱体表面的灰尘,保证蒸发器和冷凝器的吸热和散热性能良好,缩短压缩机工作时间。

制作冰块和冷饮应尽量安排在晚间,因晚间气温较低,有利于冷凝器散热,同时,夜间一般很少开门取放食物,压缩机工作时间短。

## 75. 冰箱可利用夜间暂时停机节电

一般家庭用的冰箱都是 24 小时工作的,可以通过调整电冰箱调温器旋钮达到节电的目的。利用夏季昼夜室内温度变化较大的特点,睡前可转到"1"字,白天再拨回"4"字位置。还可在每天晚上 10 点在室内温度 34℃情况下把温度调节钮调到"2"的位置,然后关机,到第二天早晨 6 点再开机,使冰箱暂停运转 8 小时,据测定,在这段时间内,一般食品仍处在保鲜最佳温度,而且还可节约一定的耗电量。但这个方法要求大家第二天早上一定要记住开机,否则损失太大,因此记性不好的朋友可通过时控开关来控制。

## 76. 冰箱内照明灯可拧下不用

光线较好的房间,冰箱内的照明灯可拧下不用,既节省了灯泡本身所消耗的电能,又可减少因开灯冰箱内部升温而导致的压缩机频繁启动。

## 77. 冰箱突然停电时的应急措施

正常运行的冰箱,遇到突然停电时,应尽量不打开冰箱取东西,以便保持冰箱内温度。在夏季,电冰箱内食品一般可以保鲜数小时。如果之前得到停电通知,则可以提前利用冷冻室制造一些冰块,放在冰箱内冷藏室的上层,停电时,可以利用冰块降温。据测算,2 公斤冰块由 0℃溶解为水需吸收 160 千卡热量,而这些热量的吸收,可使冷藏室里维持 0℃～8℃达 4～6 小时。另外,在临近停电前,应将箱内食品尽量靠近蒸发器旁,同时将冰箱的温度旋钮置于"冷"的位置上,这样可以使冰箱内食品在停电前尽量冷却。

## 78. 不必放的就不放

冰箱不是储物箱,千万不要在冰箱内堆积过量食品,采购时应选择短期内可吃完的食物;尤其是不要在冰箱冷冻室堆放过多的食物,使其难以冷却,增加耗电量。

## 79. 冷藏室放入多少食物最省电

有些人认为冰箱里放的东西越少就越省电,其实这种认识是有误区的。冰箱内的食物达到冷藏室容积的80%为最佳。储存食品过少会使热容量变小,压缩机开停时间也随着缩短,累计耗电量就会增加。所以如果冰箱里食品过少时,最好用几只塑料盒盛水放进冷冻室内冻成冰块,然后定期放入冷藏室内,增加容量,以节约电能。冷藏物品不要放得太密,食品之间应该留有 10 毫米以上的空隙,这样有利于冷空气对流,使冰箱内温度均匀稳定,减少压缩机的运转次数,节约电能。在冰箱里放进新鲜水果、蔬菜时,也一定要把它们摊开。如果将它们堆在一起,造成外冷内热,就会消耗更多的电量。

## 80. 大块食物应分装冷冻

食品体积越大,需要冷冻的时间也越长。如果根据家庭每次食用的量切成小块,并用保鲜袋装好,这样不仅存、取方便,防止食物之间串味,而且还能避免冰箱内塞得过满而阻碍冷气的对流,从而提高冰箱的制冷效果,达到节电的目的。

## 81. 冷冻食物巧解冻

鲜鱼、鸡、肉类等食品一般都存放在冷冻室内,在食用前几小时,把食物从冷冻室里转入冷藏室,因为冷冻食品的冷气可以帮助冷藏室保持温度,减少压缩机的运转,不仅可以解冻,还能减少冰箱起动次数,达到省电的目的。

有些人解冻食物喜欢用水来冲,这样不仅会浪费大量的水,解冻效果还不是很理想。而有的人心急则用热水浸泡,立即烹调。这是错误的做法。当肉类快速解冻后,常会生成一种称作丙醛的物质,它是一种致癌物。正确的做法应当是把冷冻的肉类,先放在室内几小时,然后再使用;也可以把冻肉放在冰箱冷藏室内数小时,而后再取出使用。

## 82. 少开冰箱门、快速取东西

如果冰箱门开关过于频繁,一方面会使箱内温度上升、电冰箱的耗电量明显增加,另一方面进入冰箱内的潮湿空气容易使蒸发器表面结霜加快、结霜层增厚,会降低电冰箱的使用寿命。另外,打开箱门的同时,箱内照明灯就开启,既消耗电能又散发热量,而且箱门开启的角度也不宜过大,开门的角度越大,损失的冷空气也就越多,耗电量也就相应有所提高。如果以每次开门时间半分钟至 1 分钟计算,则冷藏室温度由 5℃ 上升至 20℃ 左右,要使箱内温度恢复原状,压缩机就要工作近 20 分钟,耗电约 0.025 度。所以应该减少箱门开闭次数,并缩短每次开门的时间。据有关资料介绍,如果将电冰箱每天的开门次数从 10 次减到 5 次,一年可节电 12～15 度;如果每次开门时间从 60 秒钟缩短到 30 秒钟,一年又可节电 25 度以上。

## 83. 食物冷却后再放进冰箱

热的食品应自然冷却到室温时,再放入冰箱内,因为热食品温度比较高,放进冰箱后,将会使箱内温度急剧上升,同时增加蒸发器表面结霜厚度,导致压缩机工作时间过长,耗电量增加。制作冷冻食品应使用凉开水,忌用热开水,最好在夜间存入冰箱,因夜间环境温度低。鸡、鱼等要挖去内脏,擦干包装好,先放在冷藏室冷却,然后再移入冷冻室内。水果、蔬菜等水分较多的食品,应洗净沥干后,用塑料袋包好放入冰箱。

## 84. 利用储冰盒调节温控器节电

用储冰盒等容器盛满水后放入冰箱冷冻室,待水结成冰块后,将储冰盒转移到冷藏室,放在温控器的下面或旁边,从而减少温控器的启动次数,达到节电的目的。还可以采用两个储冰盒循环使用的方法延长制冷周期的办法。如果200升左右的冰箱,按一天耗电1.4度计算,使用储冰盒法每天可以节约大约3%~5%的电,这样一年下来就可以节约15~25度电。

## 85. 冰箱应定期除霜

冰箱在制冷过程中,箱内食品散发出的水分和空气中的水分,均会在冷冻室的表面凝结成霜层,由于霜层导热慢,影响冷冻室的热交换效率以及制冷能力,从而增加了冰箱的耗电量。当霜层的厚度达到10毫米时,冰箱的制冷能力将下降30%以上,也就是说要使电冰箱达到温控器所选定的温度,冰箱将会比正常情况下增加1/3左右的耗电量。一般冰箱内蒸发器表面霜层达5毫米以上时,冰箱的制冷效果就会下降20%,霜层越厚,制冷效果越差。所以一定要定期为冰箱除霜,以保证冰箱具有良好的制冷能力和节电效果。

## 86. 冰箱除霜的妙法

热水除霜法。冰箱冷冻室需要化霜时,应在停机后先将冷冻物品转入冷藏室,然后准备好两个较大的铝饭盒,里面装满70℃～80℃的热水,放进冷冻室内加速冰霜融化,可反复更换盒内的热水,直至壁上的霜脱落,然后用软布擦净即可。

电吹风除霜法。先拔掉冰箱电源插头,取出食品,用电吹风向四周吹热风,大约两分钟左右即可使霜层融化,然后用干毛巾擦干,将食品放入,待5分钟后插上电源。

此外,如果在每次除完冰霜后,用一小块棉纱或布头蘸少许食用油涂抹在冷冻室壁面上,这样待下次除冰霜时就很容易使所结冰霜脱落下来,不致损坏机件,从而解除除霜的烦恼。

## 87. 为冰箱加层"面纱"

电冰箱只要一打开门,箱内的冷空气和箱外的热空气就会迅速对流,使箱内的温度升高,增加压缩机的工作时间,因而增加电耗和机件的磨损。可以按照冰箱保鲜室每层的宽和高,裁出大小合适的保鲜膜,沿着每层的边把层与层分开蒙上保鲜膜,这样,每次取东西只需掀开物品所在层的保鲜膜,能够有效防止外面的热空气对其他部位的冲击,也可达到节电的目的。

## 88. 自制冷饮巧节电

用冰箱自制冷饮或冰块时,应使用凉开水,如用热开水,需要放置在室温下待冷却后再放入冰箱,以减轻压缩机负荷,降低电耗。另外最好在夜间放入冰箱,因夜间环境温度低,有利于冷凝器散热。制作时首先把温控开关置于强冷位置,等冷饮取出后再恢复原控温位置。其次,用金属器皿代替塑料器皿,能加快能量传递,缩短制冷时间。

## 89. 经常清洁电冰箱

冷凝器、压缩机及散热器的表面灰尘过多会影响散热的效果,导致通风不畅。清除冷凝器及箱体表面灰尘,并保持冰箱背部清洁,可保证蒸发器和冷凝器的吸热和散热性能良好,缩短压缩机工作时间,节约电能。

## 90. 巧用电吹风密封冰箱门封条

电冰箱磁性门封条如果密封性不好,会使冰箱漏气,制冷效果变差,增加耗电量,也容易使压缩机反复启动而烧毁。我们可以用电吹风的热风来吹密封不好的地方,不用很长时间,一般用700瓦左右的电吹风一分钟之内即可,这时塑料门封就会变软,停止吹风两分钟左右,门封条变形消除,漏气的部分就修好了。如果冰箱门封呈S形弯曲,还可用直尺垫衬在封条的内侧,然后用电吹风对着弯曲部分加热,待封条冷却后再抽出直尺,便能使封条恢复原状。

## 91. 垫高冰箱可以减少噪音

有不少家庭更换冰箱并不是因为不能用了,而是由于时间久了冰箱的噪音变大了。如果您试着将冰箱四角垫高3~6厘米,并且调整好四角平衡,这样可以使箱体底部空气对流空间增大,压缩机噪音和下部其他噪音就会从箱体底部出来,减少了从冰箱两侧及上部出来的噪音,听起来声就不会太大了。

## 92. 加固箱体连接和压缩机也可降低噪音

可以检查一下外管路与箱体之间的连接部分是否松动,固定好外管路,可以防止压缩机共振;如果用手紧按压缩机后,噪声明显减低,就可能是压缩机底座固定减振胶垫受力不均或螺栓松动、压缩机底板不牢固造成的,这时可以调整、拧紧连接部分螺栓,更换失去弹力的垫圈,都能起到有效降低噪音的作用。

## 93. 白胶皮垫缝法修复冰箱门封条

如果冰箱门封条轻微变形,可将固定门封条的螺钉松开,在有缝隙的地方垫上白胶皮,再重新拧紧螺钉,即可消除缝隙;如果箱门关闭后与箱体不平行,还可以调整固定箱门的支架,使之达到平行。也可以用一些软的塑料泡沫代替胶皮,塞进门封的缝隙中,也能解决门封不严的问题。

## 94. 扫除冰箱门封处的铁屑

有时,冰箱的磁性门封条上会吸附有铁屑或金属粉末,会使冰箱门关闭不严,甚至会磨损到箱门封条,这时我们可以在无铁屑处放上一张白纸,用毛刷或抹布将铁屑扫到纸上,再提起白纸,这样铁屑就掉了,冰箱门也会严密如初。

# 第六章 空 调

空调是家庭用电"大户",尤其是在炎热的夏天,空调的用电量往往超过所有其他家用电器。所以,掌握一些空调节电的小窍门,可以为你的家庭节约不少电费。

## 95. 选择空调,首先应明确"匹数"

从专业上来说,空调中"一匹"的准确含义是制冷量为2500瓦每小时,但是许多厂家在解释这个概念的时候总是容易制造混淆,因此消费者在选购空调时,不要只看商家介绍的匹数,而应该直接看产品铭牌上标定的功率。

## 96. 按照房间大小选择空调功率

制冷量是空调器的主要规格指标,制冷量越大,制冷效果就越好,但是也会越费电,所以在选择空调的功率时,一定要按房间实际情况,计算着买。根据房屋结构不同,可以依据房屋面积每平方米100～130 瓦每小时为准,选择适合房间的空调。如果功率过小,房间无法达到设定温度,压缩机将一直处于高速运转当中,从而造成电能的巨大损耗。

一般来说,10～20 平方米的卧室选用 1000 瓦的空调即可,15～30 平方米的大房间选用 1500 瓦的空调,25～35 平方米的客厅选用 2000 瓦的空调。但也不能为了省电而选择功率过小的空调,功率过小,不能很快达到设定的温度,空调处于制冷状态的时间增加,反而会更加耗电。

另外,如果在朝阳、通风不畅或是外墙较多的房间,所选空调的功率也应适当放大。

# 97. 看能效比选节能空调

空调能效比是指空调制冷(热)量与输入功率的比值。空调的能效比越大,说明其更加节能。若两台空调的耗电量相同,则能效比高的空调能产生更多的冷(热)量。

空调能效比共分为 5 级,其中 1 级产品最节能,5 级最耗能。还要提醒一点,只有标识标注 1、2 级的才算节能空调,其他等级的空调仍属高耗能产品。

中国能效标识中的色条是刻度,表示国家将空调从最节能到最耗能分为 5 级,右侧的指针数据表示该空调的能效级别。标识还会向消费者提供生产企业名称、产品规格型号、依据的能源效率、国家标准号、能效比、制冷量等信息,方便消费者做出购买选择。

目前,绝大多数厂家并未把能效比的具体数值标注在空调铭牌或产品说明书上,消费者可以根据铭牌或说明书上标注的制冷量和输入功率自己动手计算能效比,即以制冷(热)量除以输入功率算出能效比,得数越大越省电。其中,采用直流变频技术空调的节能效果最为明显,最高可达 48%。

例如，一台空调的制冷量是 4800 瓦，制冷功率是 1860 瓦，制冷能效比是：$4800 \div 1860 = 2.6$；制热量 5500 瓦，制热功率是 1800 瓦，制热能效比（辅助加热不开）是：$5500 \div 1800 = 3.1$。因此我们应该选择相对省电的空调，不可只看价格便宜而选择费电的空调。

## 98. 按照户型挑选空调类型

根据所处地区及户型的不同，空调类型的选择也有异。如果是四四方方的客厅，最好选择噪音较小的分体壁挂型空调；如果是长条形的房间，应该考虑安装风力更强、送风更均匀的柜机；如果住所冬季的室外温度非常低，就不能选择热泵型冷暖空调，而最好是电辅助加热型冷暖空调；如果两个房间相临且面积相当，还可以选择一拖二型的空调机。

## 99. 选择有送风模式的空调更省电

现在不少空调都有立体送风功能，它可以上下、左右自动摇摆送风，使室内温度更均匀。因此，就算把空调制冷的温度调高 2℃，也会感觉同样凉快、舒服，这样的空调可以比普通空调节省两成以上的电量。

## 100. 巧辨真假一拖二空调

真的一拖二空调一般有两个独立电源、两个压缩机，它的两个室内机和压缩机可以单独运行，互不干扰，制冷效果好，冷量分配均匀，但价位较高。

假的一拖二空调是单一的电源，单一的压缩机，两个室内机不能单独启动和停止，冷量的分配由冷量分配器将冷量分配到两个室内机，制冷过程中容易产生冷量分配不均匀现象，使用、维修不方便，但价位相对较低。所以购买时，要咨询清楚类型，以免上当受骗。

## 101. 变频电器是时尚

变频空调已成为消费的时尚。其实，变频空调只是在常规空调的结构上增加了一个变频器。压缩机是空调的心脏，其转速直接影响到空调的使用效率，变频器就是用来控制和调整压缩机转速的控制系统，使之始终处于最经济的转速状态，从而提高能效比（比常规的空调节能 20％～30％）。

变频空调启动电流小，它的转速逐渐加快，因此启动电流只是常规空调的 1/7。而且，它没有忽冷忽热的毛病，因为变频空调是随着温度接近设定温度而逐渐降低转速，逐步达到设定温度并保持与能量损失相平衡的运转，使室内温度保持稳定。此外，它的噪音比常规空调低，因为变频空调采用的是三相双转子压缩机，大大降低了回旋不平衡度，使室外机的振动非常小，约为常规空调的 1/2。不仅如此，变频空调的制冷、制热的速度还比常规空调快 1～2 倍。变频空调采用的是电子膨胀节流技术，微处理器可以根据设置在膨胀阀进出口、压缩机吸气管等多处的温度传感器收集的信息来控制阀门的开启度，以达到快速制冷、制热的目的。

## 102. 变频空调与普通空调哪个更省电

大家都知道多联机产品节能效果好、运行成本低、使用方便，而其中的变频多联机由于采用了变频式压缩机，大大提高了系统的节能性，具有运行稳定、电机效率高、压缩机启停次数少等特点，节能效果更明显。在系统处于低负荷时，外机通过变频控制器降低压缩机转速，使整机处在低耗电量状态；而高负荷时，整机达到全速运行，在短时间内使室内温度降低，大大减少了系统的耗能。

以一台普通的 1.5 匹定速空调为例，其耗电量为 1.3 度/小时，如果夏冬两季运转 180 天,每天 5 小时,按电价 0.60 元/度来算,每年仅空调用电就需支出 702 元;如果使用能效比较高的变频空调技术,按照目前水平节能省电至少 35%,每年可节省开支 245.7 元,8年至少可节约 2000 元左右。

## 103. 分体空调如何安装

分体式空调机配管要短,弯曲半径要大,这样气流的阻力小,可避免效率降低。

室外机应尽可能安装在不受阳光直射的地方,同时离开墙壁 25 厘米以上,室外热气排出口在 50 厘米以内应避免有阻碍物。室内机最好避免对着门,以免开关门造成能量损失。空调机内侧回风吸入口与墙壁保持 50 厘米以上,以提高冷气机效率。在空调机通风口附近不要堆放杂物,避免冷气流通时因受到阻挡而造成空调附近气温已达到空调平衡极限,但室内温度仍然偏高,使用时不得不调低设定温度,造成不必要的浪费。

## 104. 缩短内外机间的距离

分体式空调的室外机应尽可能接近室内机,其连接管宜在 10 米以内,并避免过多弯曲,即使不得已必须要弯曲的话,也要保持配管处于水平位置,且弯曲半径要大,否则会大幅降低空调能源效率。根据实验:假设连接管 3 米效率为 100%,则 5 米效率降为 97%,10 米效率降为 95%。所以室外机与室内机距离越短越好。并且,连接管还要做好隔热保温。

## 105. 空调房选择要合理

一般来说,全空调的居民家庭不多,大多数情况下,人们只选择一间卧室做空调房。而这间卧室应该选空间小、背阳的一间。如果有封闭阳台,最好选择紧靠阳台的那间,那样冷气散失少。首先要保证空调房间的气密性良好。开启空调时,朝阳的房间挡上遮阳帘,厚质地的窗帘,也可以减少冷气在空气中的散失。用密封条塞住门缝和窗缝,堵住各种管道周围的缝隙,用管道胶带或填堵材料密封供热管道的焊接处、拐弯处和连接处,都可以避免能量损失。

房间应具有最基本的隔热性能。墙面应涂刷一层胶质涂料,以增强灰质墙的隔热性,有条件的可在房屋地面增加保温层,增强隔热效果,提高空调效率。对于住在顶楼的住户,夏日强烈阳光直射楼顶,由于热的传导造成屋内温度上升,可在屋顶架设遮阳黑网,或种植花木以减少日晒,降低房间温度。

## 106. 空调不宜安装得过高

根据冷空气重、热空气轻的原理,空调装得越高,在制冷时需要工作的时间就越长。从省电的角度考虑,空调装在离地面 1.6 米左右比较适合。因为当冷空气的高度达到 1.6 米时,空调就会自动停机了,而此时人在房间里也能感觉到凉爽了。

## 107. 空调不宜安装在窗台上

有的人家里因为空间有限,就把空调装在窗台上,而这样很不科学,由于"冷气往下,热气往上"的原理,如果把空调装在窗台上,抽出的空气温度低,相对来说空调在做无功损耗,上层的热气并没得到有效制冷,自然就费电了。另外,室外部分离地面至少 75 厘米,以免尘土扬入,污染散热片,增加耗电量。

## 108. 空调应单独用一个插座

由于空调启动时电流很大,定速空调在开机时瞬间电流会达到平时的数倍,如果与其他家电共用一个插座的话,会对其造成冲击;变频空调虽然开机时为软启动,电流很小,慢慢地达到稳定工作电流,对其他家用电器影响不大,但是由于它的功率较大,会造成单插座超负荷,容易引起跳闸甚至火灾。因此空调最好还是单独使用一个插座比较好。

## 109. 勿给空调室外机穿"雨衣"

人们总担心空调室外机会因雨雪等进入而造成损坏和锈蚀,于是就为空调室外机披上遮雨的材料。其实各品牌空调室外机一般都有防水功能,给空调"穿雨衣"反而会影响散热,增加耗电量。

## 110. 空调别装稳压器

空调千万别加装稳压器,因为它是日夜接通线路的,即使空调不用时也在耗电。

## 111. 空调安装应避免阳光照射

安装空调时,应尽量选择背阴的房间或房间的背阴面,避免阳光直接照射在空调器上,夏日阳光灼热很容易把外机晒热,从而使空调自身散热效果降低,且将增加约 16.5% 的电力消耗。如果空调室外机只能装在向阳的一面,可以在外机顶部上装上遮阳篷。

## 112. 窗户保温效果好可省电

不要选择铝合金窗、钢窗,因为金属铝导热系数大,传热快,应尽量选用复合材料(塑钢)窗。这样,夏季可以避免室外的热空气通过铝合金材料传入室内,冬季避免室内热空气通过热传导散失到室外,从而达到节省夏季空调用电与冬季取暖用电量。

尽量不要选择普通玻璃,而要选择中空玻璃,因中空玻璃中间是一层空气,空气的导热系数较小,仅为普通玻璃窗的70%,而每平方米单价只比普通窗贵30%,两年省下的电费就抵消了改装投资。在东西向开窗处,应装设百叶窗或窗帘,以减少太阳辐射热进入室内,降低空调用电量。

如果采用单层玻璃,可在玻璃上附上一层薄膜,薄膜分为反射薄膜、遮阳膜、隔热膜等等,可根据所在地区及朝向不同加以选择。

## 113. 试试物理降温法

炎炎夏日,人们往往喜欢把电扇空调开足马力,而忽略物理降温法。比如,每天早上开窗通风,让外面凉爽的空气进入屋内,太阳出来以后,立刻关上窗户,并且一定记得把窗帘也全部拉上,减少阳光辐射带来的室温影响。这样,家里的温度能比室外低6～7℃,空调开的时间自然就可以短一些;另外,家里多养点花草也能降低室温,不妨在窗台、阳台种点花草。还有通过洒水来降低温度的老法子也很管用。

## 114. 解暑降温,误区多少

有人用水把家里的窗帘喷湿了,对流风通过时,窗帘可以过滤空气,又可以降温。但实际上,窗帘喷湿应该要不少水,而且还会往下滴水,省电但费水。

有人把风扇前边加一层金属网,中间放上冰块,吹出的风很凉,可以代替空调。"自制空调"虽然好,但如果冰块融化滴到风扇的电路上,电扇容易短路。

有人把电扇放在阴凉处,风吹向温度高的地方,气流向外流动的时候,空气好又凉快。但实际上普通人家一个房间内的温差不会太大,只要屋里的电扇常开,屋子就能凉快。

## *115.* 应科学健康的使用空调

过多使用空调既耗能,又会对人体产生不利的影响,最好在清晨气温较低的时候停一停,开窗通通风。这样既可省电,又可调节室内空气。开窗通风也要讲时间段。在清晨较凉爽时开窗通风,可以让室内空气清新,到八九点钟太阳辐射较强时,立即关闭门窗隔热,晚间室外温度下降时,再开窗通风,最大限度地利用自然的便利条件。天气好的时候,不要老呆在空调房里,不妨到外面走走,多呼吸新鲜空气,不光是省电,对身心健康也大有好处。

## *116.* 冬季取暖应关窗

取暖的房间一定要注意保温。冬天室内的最低温度应在 5℃ 以上,在此前题下可尽量把日常活动限制在几个房间内,并只为这几个房间供暖。关掉未使用的房间和场所(如库房、门厅等)的供暖系统。而且可以使用程控温控器(带有自动定时器),减少夜间的供热量。有阳光时,最大限度地利用太阳能收集方式来提高室内温度。选择能源效率高的供热系统。

在采暖房间可给窗户开一条小缝,维持室内空气新鲜。除此之外,窗户要关严,防止室内热量的流失。墙、天花板及阁楼要有隔热层。用密封条塞住门缝和窗缝,堵住各种管道周围的缝隙,修补内墙上的洞;用管道胶带或填堵材料密封供热管道的焊接处、拐弯处或连接处,避免热损先在单层玻璃窗外加装风雨防护窗,或者把单层玻璃窗换成双层玻璃窗或其他节能型玻璃窗。使用隔热性好的门窗包料。也可以安装风雨防护门,减少门厅附近的穿堂风。

## 117. 双层窗节电效果佳

建筑物节能和窗户有很大关系,特别在冬夏两季较长的中国东部地区,使用双层窗不仅对市民来说非常实惠,而且对节约整个城市电力资源非常有效。据测算,改用双层窗可使每个家庭一年省下将近100度电。

中国东部地区的北方气候特点是夏季酷热,冬季寒冷,而该地区又是中国经济最发达的地区,市民生活质量迅速提高,冷暖空调进入各类建筑物已成为不可避免的事实,这就更加突出了能源供需矛盾。

为了缓解这一矛盾,必须根据该地区气候特点对建筑物的具体能耗进行分析。国家要求建筑能耗要降低50%,所以建筑维护结构热负荷也必须降低50%,而在建筑物中,窗户就能让建筑物"散热"超过50%,所以通过双层窗及节能墙体的应用,可以实现这个目标。实验证明,冬季开空调取暖,假设热量通过墙壁、屋顶和门窗等渠道"逃散"耗能总和为100%,那么当家庭使用单层窗时,风渗透耗能43%、窗户净传热耗能占18%,两者的总和为61%;而使用双层窗后,风渗透耗能23%,窗净传热耗能为14%,总和为37%,从中可以看出,使用双层窗能节约四分之一的电能。一年下来每个家庭可以节省约100度电。在实际应用中,其节能效果会更大。

## 118. 空调频繁开关并不省电

有些人认为使用空调时间长会费电,以为开一会儿关一会儿才省电,实际上恰恰相反。空调在启动时高频运转瞬间电流较大,频繁开关是最耗电的,并且损耗压缩机。因此千万不要用频繁开关的方法来调节室温。

压缩机是不能频繁启动的,停机后必须隔 2～3 分钟才能开机。正确的使用方法是:如果室外 30℃,室内设定 25℃就可以了。空调运行过程中,如觉得不够凉,可再将设定温度下调几摄氏度,这时空调高频运转时间短,即可节电。如觉得太凉,无需关闭,只要将设定温度调高即可。有"高效"键的空调开机时可使用该键,使空调迅速达到设定温度,快速制冷可节电 10%。冷暖型空调制热时尽可能风板向下,制冷时导风板水平,可促进室内空气循环。目前市场上推出的变频空调就是启动后室外机不停机,以缩短高频运转时间,并在快速制冷后低频运转,可大大节约用电量。

## 119. 调整除湿功能可节电

空调房内的湿度也与节能有很大联系。有时碰到天气闷热难受,一般会将空调温度一降再降。其实,把空调模式置于除湿状态,让室内湿度降下来,即使温度稍高一些,也会让人感觉舒适许多。而且空调房间的空气湿度过大,也会增加空调机的工作负荷。

## 120. 风扇空调巧搭伴,提高制冷效果

夏季空调配合电风扇低速运转,可使室内冷空气加速循环,冷气分布均匀,可不需降低设定温度,而达到较好的降温效果。空调开两三个小时就关机,然后开电扇(最好是吊扇),这样再过两个小时屋子里仍然会凉爽宜人,而且不会出现长期开空调使人感觉胸闷憋气的情况。如果是晚上,更不必整夜开空调,只需开一两个小时,其余时间只开电扇就可以。如果每家空调按 1500 瓦计算,电扇按 100 瓦计算,即使每天只开 12 个小时的空调,也要 18 度电,而将电扇空调配合使用,只需不到 10 度电,就节省近 50%。

## 121. 空调应选择适宜的出风角度

使用空调时要选择适宜的出风角度,这样降温速度较快。因为空气温度变低后,冷空气比较重,都是往下走,制冷时出风口向上,这样的制冷效果更好。而在冬天时,热空气比较轻,都是往上走,制热时出风口应该向下,这样也能达到节电的效果。

## 122. 空调温度设定要合理

温度设定得越低,要达到这一温度,空调就必须运转越长的时间,也就越费电。把空调制冷温度调高 1℃,就可以节电 10% 以上,而我们的身体几乎察觉不出这样小的温度差异。建议夏季空调温度设定在 26～28℃,冬季在 16～18℃。制冷时室温调高 1℃,制热时室温调低 2℃,均可省电 10% 以上。如果以每天开机 10 小时计算,则 1.5 匹空调机每天可节电 0.5 度,每个月节约 15 度电,一个季度可节约 45 度电。

## 123. 空调巧用可节能

使用空调时,可以在刚开机的时候,设置成高冷或高热以尽快达到调温效果,当温度适宜时,就改成中、低风,既可以减少能耗,也可以降低噪声。另外,通风开关不要处于常开状态,否则也会增加耗电量;还要注意空调不用时,就随手切断电源。

## 124. 善用空调睡眠功能

有的空调将这一功能称为经济功能。睡眠时,人体散发的热量减少,对温度变化不敏感。睡眠功能就是设定在人们入睡一定时间后,空调器会自动调高室内温度,因此使用这个功能可以起到20％的节电效果。

## 125. 定时功能省电多

空调最忌无节制地开关,最好要间隔2～3小时,以保障压缩机不过载,从而延长空调的寿命。空调是否省电主要由开机次数决定。因为它在启动时最耗电,所以您应充分利用定时功能,使空调既不会整夜运转,又能保持室内一定的温度。

## 126. 家庭夏季应善用窗帘

我们应该善于利用物理降温法,尽量减少空调的使用。夏季每天早晨起床后把窗户打开通风,太阳出来后立即关上窗户,拉好窗帘,减少阳光辐射带来的室温影响。这样空调开的时间自然就可以短一些。而如果每天都打开窗帘,则会增加40％的热量进入室内,严重增加空调或风扇的负担,耗电量会很大。

## 127. 空调房内少用发热器具

在空调房内避免使用高热负载之用具,如熨斗、火锅、炊具等,避免增加空调的负荷。同时注意空调通风挡不应常开,否则冷气大量外流,浪费电能。

## 128. 控制压缩机的启动次数

夏季空调的主要工作原理是通过压缩机的工作,压缩制冷剂,使制冷剂液化,放出热量。等制冷剂送到制冷区的时候,减少压力,制冷剂就气化并吸收大量热量。如此循环,压缩制冷系统就源源不断将房屋内部的热量移动到外面,这就实现了制冷。

空调最核心的部件非压缩机莫属,压缩机可以占到整台空调成本的30%～40%,制冷系统的好坏也与压缩机有着最密切的关系。停机后,压缩机中的制冷剂会慢慢流到制冷区气化,使压缩机回复到常压状态,所以必须间隔2～3分钟以后才能开机,如果立即开机,压缩机中的制冷剂压力过大,前1分钟的耗电相当于正常情况下开空调约10分钟的耗电量,压缩机还会因超载而损坏。选用变频式空调机,可随室内温度调节压缩机运转速度,可增加舒适感,亦较省电。停用冷气前5～10分钟可先调高温度设定,维持送风可将空调中残余的冷空气吹出,这样每次可以省下约0.1度电,按照空调每天开关2次计算,整个夏天(100天)可以节约20度电。

## 129. 开空调就不要开门窗

开着空调的房间就不要再频频开门开窗了,这样可以减少空气渗入,不增加空调负担。在使用空调时,可提前将房间的空气换好。如果使用空调过程中,觉得室内空气不好,想开窗户,建议开窗户的缝隙不要超过两厘米,不过最好还是尽量控制开门开窗。如果想停机换空气,最好提前20分钟关空调。

## 130. 注意空调的保温层和胶带是否严密

通常说来,家用空调安装完毕,空调铜管、排水管、电路等都是用胶带缠在一起的,如果胶带松脱的话,一来容易使这些不宜潮湿的部件受到侵蚀。二来容易使空调在运行过程中,管路里过多地浪费能量,如果空调的铜管完全暴露在外面,肯定起不到应有的效果。

### 131. 通风开关尽量少开

对于有换气功能的空调和窗式空调,在室内无异味的情况下,不应常开通风(新风)开关换气,这样可以节省 5%～8% 的能量。因为常开通风开关会导致冷气大量外流,增加耗电量。

### 132. 用完及时拔插头

空调机每次使用完毕,应把电源插头拔出,或者将其电源插座改为带开关的,用遥控器关掉空调机后,再将插座上的开关关掉。否则,即使机上开关断开,电源变压器仍然接通,线路上的空载电流不但白白浪费电能,如果遇到雷雨天气还可能出现意外事故,带来不必要的损失。

### 133. 出门提前关空调

最好是离家前 30 分钟关闭压缩机(由制冷改为送风),出门前 10 分钟即彻底关闭空调,在这段时间内室温还足以使人感觉到凉爽,养成出门提前关空调的习惯,可以节省不少电能。

### 134. 保养空调有妙招

季前开始使用时,先送风半小时后再使用冷气。季末停止使用时,应开启送风运转半天(不开冷气),使机体内部充分干燥,并把滤网及外壳(面板)清洗干净,露在室外的部分,可用保护套遮盖。避免雨水和尘土的侵入。

## 135. 清洗过滤网为空调节能

空调机进风口处的过滤网的作用是将进入空调机的空气中的灰尘过滤干净,要经常摘下彻底清洗。过滤网上的灰尘积累过多,会使进入空调的气流阻力加大,增加空调的负荷,会使空调用电增多。

一般北方地区的灰尘较多,如果一个月不清洗,过滤网表面积聚的灰尘可以有 1 毫米厚,如果一个 1 千瓦的空调每天使用 5 个小时的话,耗能大约 5 度,由于灰尘的原因会多消耗 5% 左右的电能,则每天多消耗 0.25 度电。整个夏季多消耗 25 度电左右。同时由于灰尘上可能吸附有各种有害病菌,也不利于人体健康。通常每 2～3 周清洗一次,既节能又卫生。

若积尘太多,应把它放在不超过 45℃ 的温水中清洗干净。另外,还应清洗擦拭制冷器和接水盘,不仅能节约能耗,还可避免空调滋生细菌。有条件的也可请专业人士定期清洗室内和室外机的换热器翅片。做到以上这些,可以省约 10% 的电力。

# 第七章　电风扇

电风扇简称电扇,也称为风扇,是一种利用电动机驱动扇叶旋转,来达到使空气加速流通的家用电器,主要用于清凉解暑和流通空气。

由于电风扇能直接将电能转化为动能,耗电量非常低,只相当于普通照明灯的电量,因此从节约能源的角度来说,盛夏季节使用电风扇无疑是最佳的选择。如将电风扇搭配空调一起使用,把空调温度设定在26℃~28℃,则省电又省钱。

## 136. 如何选购风扇

电风扇按其电动机型式可分为蔽极式和电容式两种。蔽极式耗电量大,以400毫米的台扇为例,蔽极式耗电80瓦,而电容式耗电只有66瓦。为了节省电耗,一般家庭可选用电容式电扇。一般扇叶越大、越厚重的电风扇电功率也就越大,耗电就多,在满足使用要求的情况下,适当选购电风扇可达到省电的目的。

## 137. 风扇怎么吹更凉快

用一个深一点的盘子,里面放上0.5升的冰块,最好是小块一点的,然后放在电风扇前面。在一个10平方米左右的房子里,能产生同空调制冷同样的效果。在通风良好的房间,让电风扇对着窗户,比对着自己吹更凉快,因这样更有助于房间内形成自然风。

## 138. 风扇多用慢速挡

电风扇的耗电量与扇叶的转速成正比,最快挡与最慢挡的耗电量相差约40%。因此,在风量满足使用要求的情况下,应尽量使用中挡或慢挡,如400毫米的电扇,用快挡时耗电量为60瓦,使用慢挡就只有40瓦,可省电三分之一,所以在条件和环境都适宜的情况下,尽可能选择比较慢的挡会省很多电。

## 139. 风扇如何摆放更节能

电风扇要放在室内相对阴凉的地方,将凉风吹向温度高处;白天宜摆于屋角,让室内空气流向室外;晚上将其移至窗口内侧,将室外空气吹向室内,或将电扇朝顺风的方向吹,可提高降温效率,缩短电扇使用时间,以减少电耗。带挡位的电风扇应采用高速挡位启动,再换到低速挡。低速挡风力能满足需要时,尽量采用低速挡。

## 140. 风扇比空调更省电

电风扇的耗电量仅为空调的5%~10%,因此在天气不太热或时间较短时,应尽量使用电风扇;或者用电风扇来配合空调的使用,会达到事半功倍的效果。

## 141. 风扇时常维护可省电

风扇同其他家电一样,如果维护良好会更省电。应时常在油眼中加入数滴机油,以保证扇页片润滑转动,既能延缓机器磨损老化,又能节电。如果风扇缺油、风叶变形、震动等就会比较费电。电风扇要保持干燥、清洁,特别要注意不可将水泼洒在电风扇上,以免受潮发生短路、漏电故障,浪费电耗,发生危险。

## 142. 使用过后要断电

电风扇每次使用完后,除关掉开关外,还应拔下电源插头,以防开关失灵而长期通电,增加电耗,损坏电机。

## 第八章　电热水器

以电作为能源进行加热的热水器通常称之为电热水器,是与燃气热水器、太阳能热水器相并列的三大热水器之一。电热水器按加热功率大小可分为储水式(又称容积式或储热式)、即热式、速热式(又称半储水式)三种。

对储水式电热水器来说,最好使用经软化处理的自来水。水质的硬度如何,只要看你家中烧水时是否经常结垢便一目了然,易结水垢的水不宜直接供热水器使用。

### 143. 如何选购电热水器

即热式电热水器安全环保,即开即热,3～5秒出热水无需等候,用多少烧多少,既省电又省水,而且体积小不占空间,因此,如果你的住宅是新装修的,建议首选即热式电热水器。

而对于老式住宅楼,在购买热水器时,就应该从用电安全角度考虑,采用储水式的电热水器。这种热水器价格相对便宜,安装也比较方便,但是通常大而笨重,且预热时间长。由于无接地线或接地不可靠、线路老化、插座不合格等不同原因,国内近七成家庭存在不同程度的用电安全隐患,因此最好购买名牌带有防电墙的产品。此外,因为即热式电热水器功率大,对电路电流容量要求高,也不适合电表10安以下的老式住宅。

## 144. 按需选购热水器

选用热水器的大小应配合你的家庭需要,例如一家四口宜采用15～20升储存容量及设有多段温度调节的即热式热水器。如采用储水式热水器,应确保隔热性能良好。切勿调至太高温度,在夏天使用时更应调低恒温器度数。低流量式喷头更可以节水节电。

## 145. 电热水器选购有标准吗

很多人在用电热水器时,为了省钱都是不用时拔掉插头,用时再预先插上插头,等水加热好后再使用,而国外消费者的使用习惯是始终插着插头随时用热水。所以,具有节能系统的不拔插头也同样省电的热水器受到市场的欢迎。

据悉,电热水器经过筒体散热达70%,经过两头散热达30%。所以,美国对保温层厚度有一个指标,80升的电热水器保温层厚度不得少于38毫米。但很多消费者在购买电热水器时有一个误区:选择同样容量的热水器往往为了安装时方便好看而选择体积小的。殊不知,这样势必会影响电热水器的节能效果。我国曾出台过一个节能测试方法,但没有标明具体值,也没有要求企业必须执行。

目前,我国共有180个左右的电热水器品牌,前10位约占市场

70％～80％的份额,这说明品牌的集中度较高。但是,有关热水器的各种标准尚未完善,在这样的情况下,消费者最好凭厂家专不专业来选择购买电热水器。

## 146. 选购燃气热水器要看重量

实际上,同型号的热水器在配置上都是大同小异的,所以质量的好坏与否,主要取决于材质,即便是一些"轻巧型"产品,也只能缩小产品外在占据的空间,但材料应该仍是实打实的。正规厂家的热水器水箱循环管都是以紫铜为材料,部分小厂家则以黄铜代替,而且按国家规定,燃烧器要求用不带磁的优质不锈钢,厚度为 0.4 毫米,寿命必须达到 6～8 年,但杂牌用的可能是较薄的会生锈的假不锈钢,如此一来,一个名牌优质的燃气热水器产品,其总重量一般在 8 千克左右,而杂牌产品的总重量却只有 3～4 千克。

## 147. 燃气热水器容重要合适

应根据需要选择规格。热水器每分钟的出水量有大有小,所以热水器有 6 升、8 升、10 升、13 升等规格之分。大流量的热水器适合人口多和没有暖气的家庭,小流量热水器适合人口少的家庭。如果你住在五楼以上高层,最好选择低水压启动的燃气热水器。对于单身贵族来说,6～8 升的热水器足够了,一般三口之家,选择 10～13 升大小的燃气热水器为宜。

安装热水器时应避免热水管道过长,尽量靠近用热水处,否则在达到预定温度前要放掉大量的水,并且要定期清除换热器翅片上的灰烬,以提高换热效率。灰烬积累过多,还容易引发危险。

## 148. 电热水器的"胆"——贮水罐

电热水器的"胆"就是贮水罐,目前"胆"有搪瓷和不锈钢两种,它最主要的性能就是耐腐蚀、耐高压,作用当然是保温喽。目前"胆"采用的保温结构大致有 3 种:EPS 拼装式、预发泡拼装式及现场发泡式。在同等条件下,以聚氨酯泡沫现场发泡方式制造的保温层可以充满外壳与内胆之间,效果最好,泡沫塑料保温效果就不太好。另外,保温效果与保温层的厚度、密度和保温层的工艺也有关系。保温层越厚,保温效果就越好,所以,在挑选时要尽量挑选保温层厚的"胆"。

## 149. 电热水器的"芯"——加热管

"芯"则是指电热水器的加热管,这是电热水器能否安全使用的关键。购买电热水器时必须要考虑电热水器的质量和安全性能,保证购买的产品既有耐腐蚀、耐高压、保温性能优异的"胆",又要有能保证水电分离的"芯",两者都合乎标准才是购买电热水器最关键的一点。

## 150. 什么是"双棒分离"

针对多功率电热水器,传统的做法是通过选择功率不同的一根或两根加热棒来实现其改变加热速率的目的。此举往往是调整了加热时间,却无法做到节能。一种以前只使用在大型热水炉上的双棒结构技术,现在也被运用在了家用电热水器上,通过控制的分层加热,使你不仅可以选择加热时间,更可以因节能要求选择加热水箱容积的比率。比如说在双加热棒系统中单独启动内胆上部的加热棒,利用热水的密度大于冷水而上下冷热水分层原理可以做到只加热约占实际升量一半的热水,实现电热水器内胆的"变容"。不浪费能源去加热底部的冷水,需用多少就加热多少,有效地做到能源的节约利用。

## 151. 电热水器的"脑"——温控器

顾名思义,"脑"代表着电热水器的控制核心。电热水器的"脑"是温控器,如果温控器的灵敏度不够,就会使热水器总是处于启动的状态,造成耗电。

许多电热水器厂家,相继推出了专门针对节能开发的特殊控制功能。如有些系统可以自动跟踪用户的洗浴习惯,整理并处理数据后,动态调整电热水器工作步聚。做到电热水器在用户习惯用水之前自动预先加热,而在不用水时则自动调节至中温保温省电运行状态。另外还有中温保温系统,其特点包括了针对不同容积的提前加热时间变化,按用户设定温度的差异而自动设置的温度回差,特别设置中温保温按键,此功能下的设定温度等参数皆由系统自行控制,运行在中温状态不需人为干预。

定时功能无疑是电热水器厂商最普遍采用,也无疑是最有效的节能手段。因为定时可以控制电热水器少加热,或是不加热,因此也就避免了因保温而带来的能量消耗。就定时的类别而言,各厂家提供多种选择:目前较多采用的是日定时,也有部分厂家考虑到用户习惯的不规律性设置了周定时,以及为配合峰谷电价而产生的峰谷定时或夜电定时。在使用分时电价的地区,可将加热时间切换到夜间,专用低价电,有效分解用电时间,节约电费。

## 152. 用太阳能热水器省电又环保

住在顶层的市民,如条件成熟,可以安装太阳能热水器。目前的几款主流产品的市场零售价降到 2000 元以下,与一台电热水器的价格差距已很小。与以往使用的燃气热水器相比,太阳能热水器在节能省电方面具有很多优势。太阳能热水器不用支付电费、燃气费,它使用自然界的最为环保、而且不需要花一分钱的能源——太阳能,是目前热水器产品中最为节能的。虽然购买太阳能热水器的一次性投入相对其他热水器要高,但是使用以后就不需为此再花电钱了。一台太阳能热水器占据2～3平方米的空间,而每平方米太阳能热水器每年大概能够节约150千克标准煤和450度电。现在,还有一种光电互补式智能化太阳能热水器,能够在阳光不足的天气自动使用电加热,使用这样的热水器,一个夏天能比电热水器节约95%的电能。

使用太阳能热水器时最好根据天气预报决定加水量,这样可以获得比较满意的水温。如果明天晴天,可把水加满;阴天或者多云,则加半箱水;有雨,则保留原有的水,不加冷水。

洗澡时,如果太阳能热水器的水恰巧用完,而澡还没有洗完,可以加些冷水,利用冷水下沉、热水上浮的原理,将真空管内的热水顶出,就能接着洗澡了。

## 153. 太阳能热水器应保证冬天也好用

购买热水器的目的就是可以提供足够的生活热水,尤其是冬季,一般的家务和清洁都要用到大量热水,因此,冬季最能体现热水器的价值。一些太阳能热水器具有先天性能缺陷,采用劣质真空管,吸热能力弱,储水箱的保温效果难以保证,冬天日照一弱就没有热水了。因此,在选择太阳能热水器时,必须以"冬天也好用"为标准,各项性能指标都要达标。

## 154. 燃气热水器安装在用水附近更节约

因为燃气热水器需要先把管道中的冷水放出才能使用到热水,因此距离使用的出水口越远,使用的时候越费水,所以在安装时要注意离用水口处越近越好。

## 155. 电热水器应合理设定温度

电热水器温度设定要合理,一般在 50℃～60℃之间可减少电耗。应尽量避开用电高峰期,夏天可将温控器调低。早晨温度控制器的温度不要选得过高,一般洗漱选 40℃为宜,加热时间为 1 小时。温度选得过高则耗电量就大。晚上选择温度控制在 70℃,加热时间 1 小时。

## 156. 掌控好烧水时间

不要等电热水器里没有热水了再烧,而是估计热水快用完了就启动电热水器,这个方法比把一箱凉水加热到相同温度所用的电要少得多,而且热的速度也快得多。

## 157. 淋浴省电特别多

淋浴比盆浴可节约 50％的用水和用电量。

## 158. 热水器不用时是否要断电

如果是真正节能的电热水器,是不需要频繁切断电源的,因为它有有效的保温技术,比如中温保温、多段定时加热等,但都需要在电源通电的情况下完成。频繁地拔掉插头会减少插头的寿命,且容易带来安全隐患。正确的使用方法是:如果每天使用热水器,并且保温效果比较好,就不要切断电源。因为保温一天所用的电,比把一箱凉水加热到相同温度所用的电要少,这样不仅用起热水来很方便,而且还能达到省电的目的。如果是 3～5 天或更长时间才使用一次,则用后断电是更为省电的方法。

## 159. 热水器冬夏温度巧设定

使用电热水器,要根据冬夏两个季节做不同调节。夏季气温高,热水使用相对较少,热水温度不用烧太高,一般50度上下就可以了。冬季冷水温度较低,而且家庭生活对热水的需求也相应增大。因此,应该利用前一天晚上的用电低谷期,将水温加热至75度的最高值,并且继续通电保温,以保证第二天的正常需要。在此特别指出,通常容积式电热水器,如果水温超过60度以上,比较容易引起水解反应而结垢,所以更应注意水温的设定。

## 160. 热水器应定期保养

热水器盛水的大桶里很容易产生水垢,最好每年清理一次,否则会增加加热的时间,也会更费电;同时也应该注意清除换热器翅片上的灰尘,防止堵塞燃烧烟气道而带来危险,提高换热效率。

## 第九章  电暖气

电暖气是一种将电能转化为热能的产品。

电暖气从外观上可以分为油汀式电暖气、暖风机和热辐射型暖气：油汀式电暖气是市场上最为常见的电暖气，常见的外形与家中的暖气片组十分相似。暖风机分为浴室型和非浴室型两种，浴室用暖风机体形小巧，送风力强，升温也很迅速，并采用全封闭式设计，能保证使用时的安全；而房间专用的台式、壁式暖风机在外型上很像空调。热辐射型暖气在外形上很像电风扇，只是扇页和后网罩分别被电发热组件和弧形反射器替代了。

## 161. 购买电暖器不能只看功率

买电暖器的时候，选择是否节电不能只看功率，小功率的电暖器每小时耗电虽少,但升温效果不明显;而大功率的电暖器耗电较多,但是升温快,最终温度也高,当温度加热到饱和度之后,每小时的耗电量就会减少。

## 162. 不同电暖器的选用及比价

品牌非油汀类加热器价格最实惠,一般价格在 100～300 元;如果房间较小,那么非油汀类型的石英管电暖器和卤素电暖器是合适的选择;PTC 加热器价格为 200～300 元,是卧室不错的选择;油汀类加热器加热片有 7～11 片选择,价格从 300～400 元不等,由于有良好的密封性和绝缘性,可以成为家庭最放心的选择。至于氧吧电暖器、宽频保健电暖器、微计算机电子电热油汀等一些个性化的电暖器则起到了辅助和补充的功能。

## 163. 根据房间面积选购电暖器

因为家用电表容量通常为 3～10 安,因此我们推荐选择功率在 2000 瓦以下的电暖器,以防止功率过大发生断电或其他意外。通常情况下,12 平方米的居室适宜用 900 瓦的电暖器;15 平方米的居室适宜用 1500 瓦的电暖器;而 20 平方米的居室,在电容允许的情况下可选用 2000 瓦的电暖器。

## 164. 电暖器节电窍门

冬季天气寒冷,如果家庭使用电暖器增加热量,一定要注意以下三方面:一是先将房间尽量密封,以防止热量散失。二是在电暖气工作的室温达到要求后应及时关闭电源。三是将电暖器尽量放低一些,这样才便于空气对流,让室内温度尽快升起来。

# 第十章　除湿机

　　除湿机又称为抽湿机、干燥机、除湿器，一般可分为民用除湿机和工业除湿机两大类。其工作原理是：由风扇将潮湿空气抽入机内，通过热交换器，空气中的水分子冷凝成水珠，然后将处理过后的干燥空气排出机外。如此循环，使室内湿度保持在适宜的相对湿度。

　　很多用户都会问："空调机不也能除湿吗？有了空调后，除湿机不就成了多余吗？"其实，这是一个消费误区，空调机的主要功能是制冷和制热，带有独立除湿功能的空调机虽可以除湿，但除湿量小、除湿慢；而且在南方地区的梅雨季节，温度都较低，大部分时间都在20℃以下，这时的空调机除湿吹出的是冷风，越除湿越冷，给人的感觉相当不舒服。此外，由于空调机是固定的只能在局部小面积范围除湿，更重要的是当空调机除湿时增加了几倍的负荷运行,不但耗电量大,还使压缩机受损,缩短机器的寿命。因此,空调机不宜代替除湿机使用。

## 165. 节电除湿机巧选择

选购适当功率的除湿机。按每平方米每天除湿 0.24 升估算,如房间面积 25 平方米,$0.24 \times 25 = 6$(升/天),则可选用 6 升左右除湿能力的除湿机。无需选用太大的除湿机以免浪费电力。

选购效率高的除湿机。消费一度电能从空气中除去多少水分称为能源因子,选用能源因子值大于 1.00(升/度)以上的除湿机较符合省电的要求。

选购附有湿度控制的除湿机,一方面可使室内维持一定湿度,另一方面又可节省能源。

## 166. 摆放位置要选好

除湿机应放置在坚固平坦的地板上,以免产生振动及噪音,同时避免接近发热器具及日光直射。

## 167. 使用前要关好门窗

除湿机运转前,先将门窗关好,以免潮湿的空气进入室内影响除湿效果,使用中应尽量减少门窗开关次数。

## 168. 除湿机要定期清洗

至少每两周清洗空气过滤网一次,每隔半年至一年最好做一次定期检查。

## 169. 出现问题及时修

除湿机由于经常搬动,易发生冷媒泄漏,若压缩机在运转但感觉出风及回风的温度一样,应停止使用,尽早送修以免浪费能源。

# 第十一章 浴 霸

浴霸源自英文"BATHROOMMASTER",可以直译为"浴室主人"。它是通过特制的防水红外线灯和换气扇的巧妙组合,将浴室的取暖、红外线理疗、浴室换气、日常照明、装饰等多种功能结合于一体的浴用小家电产品。

选购时一定要注意其取暖灯是否有足够的安全性,要严格防水、防爆;灯头应采用双螺纹以杜绝脱落现象。此外,应该挑选取暖泡外有防护网的产品。红外线取暖泡采用了硬质防爆玻璃,它高强度的连接方式,也防止了灯头和玻璃壳脱落的危险。

## *170.* 如何选择浴霸功率

应根据使用面积和浴室高度选择浴霸功率。以浴室为2.6米的高度为例,两个灯泡的浴霸适合于 4 平方米左右的浴室．这完全可以满足老式楼房的小型卫生间需求;四个灯的浴霸适合于 6～8 平方米左右的浴室,这个是针对新式小区楼房家庭而设计的。

## 171. 选购优质浴霸应看灯的品质

一般优质品牌的浴霸,其红外线取暖灯多数采用石英硬质玻璃,它不仅能保证热效率高,还能省电;而且优质的柔光灯也是质量的保证,如 GE(美国通用电器)、PHILIPS(飞利浦)、OSRAN(欧司朗)等品牌的照明灯,光亮度好,使用寿命也长;此外还应注意,优质的浴霸一般在灯头和灯泡之间采用螺纹连接的方式,比较牢固,可以避免普通灯泡的灯头与灯泡玻璃壳在高温情况下容易脱落的现象。

## 172. 浴霸安装和使用注意事项

浴霸的功率最高可达 1100W 以上,因此,安装浴霸的电源配线必须是防水线,最好是不低于 1mm 的多丝铜芯电线,所有电源配线都要走塑料暗管镶在墙内,绝不许有明线设置;浴霸电源控制开关必须是带防水 10A 以上容量的合格产品,特别是老房子浴室安装浴霸更要注意规范。

在安装时,应该将浴霸安装在浴室顶部的中心位置或略靠近浴缸的位置,这样既安全又能使功能最大程度地发挥。最好不要距离头顶过低,理论上应该在 40 厘米的距离之上,这样才能保证既取暖又不会灼伤皮肤。

在使用时应该特别注意:尽管现在的浴霸都是防水的,但在实际使用时千万不能用水去喷淋,虽然浴霸的防水灯泡具有防水性能,但机体中的金属配件却做不到这一点,也就是机体中的金属仍然是导电的,如果用水泼的话,会引发电源短路等危险。

由于取暖灯泡的亮度已经足够高,因此很多厂家在出厂时已经设计了当取暖灯泡开启时自动切断照明灯泡,但有些早期型号还不具备此功能,为了避免浪费,用户不应该同时开启照明。

平时使用不可频繁开关浴霸,浴霸运行中切忌周围有较大的振动,否则会影响取暖泡的使用寿命。如运行中出现异常情况,应即停止使用,且不可自行拆卸检修,一定要请售后服务维修部门的专业技术人员检修。

在洗浴完后,不要马上关掉浴霸,要等浴室内潮气排掉后再关机;平时也要经常保持浴室通风、清洁和干燥,以延长浴霸的使用寿命。

# 第十二章　烘干机

烘干机可分为工业用与民用两种。工业用烘干机也叫干燥设备或干燥机；民用烘干机是洗涤机械中的一种，一般在水洗脱水之后，用来除去服装和其他纺织品中的水分。

烘干机在风机的抽力作用下，外面的新鲜冷空气直接通过进风口与加热器进行热交换后变成干燥的热空气，然后与滚筒中翻滚的衣物进行热交换后被排出机体，而滚筒中的衣物，在干燥热空气作用下，水分逐渐蒸发并烘干。

## 173. 节电烘干机巧选择

烘干控制除定时器外，选择附有干燥终点控制装置的烘干机比较省电。

## 174. 少用烘干多晾干

多利用自然晾干,少用烘衣机,若需熨烫的衣物应缩短烘干时间。

## 175. 自动烘干免干燥

利用自动控制干燥模式,否则容易过度干燥并且耗电量大。

## 176. 连续烘干节约电

尽可能地一批接一批烘干,这样可利用蓄热节约电能。

# 第十三章 饮水机

饮水机是将桶装纯净水或矿泉水升温或降温并方便人们饮用的装置。

机器上方放置桶装水，与桶装水配套使用。桶装饮水机在 20 世纪中期之前就出现了，这种饮水机被设计为在机身顶部的一个专门的连接器上倒放置水桶。国外最新款饮水机则把桶装水放在机器的下部，由吸水泵吸入，这种方式比常规饮水机更加安全卫生。

饮水机以电源为动力，若饮水机发生漏电、绝缘不良等，都极为危险。消费者在选购时首先要认准产品的品牌和经过中国电工安全认证委员会颁发的产品认证标志，以确保产品质量和安全性能，一些信誉好的大公司可以作为首选。

### 177. 不要用饮水机保温

饮水机几乎常年通电，即使上班时间、休息时间也很少切断电源，如此一来，不仅费电，也会影响饮水机的正常使用。所以，饮水机在不用的时候一定要关掉电源，否则会一直处于保温状态，其长时间保温耗电多。建议使用传统的真空瓶胆的保温瓶，不仅省电，其保温效果也更好。

### 178. 时控开关帮你断电源

如果上班的时间家中无人，家中的饮水机电源则应加装时控开关，在白天上班时自动切断电源以节约用电。一般来说，饮水机在待机时的平均功率约为 20 瓦，如每天有 10 小时关闭，则可节电 0.2 度，如果制冷开关打开，其平均功率为 80 瓦，则每天可节电 0.8 度，如果每年有 4 个月需要制冷，此举每年可节约将近 150 度电，这是一个不可小视的数目。

### 179. 饮水机不宜反复加热

要养成随手关闭饮水机的好习惯，因为饮水机反复循环加热，不仅影响饮水机的使用寿命，更影响水质。

### 180. 定期除垢寿命长

定期使用饮水机除垢剂去除水垢可提高加热效率，节省电能并可延长其使用寿命。

## 第十四章 电饭锅

电饭锅是一种能够对食物进行蒸、煮、炖、煨、焖等多种加工方式的现代化炊具。它不但能够把食物做熟,而且能够保温,使用起来清洁卫生,没有污染,省时省力,是家务劳动现代化不可缺少的用具之一。

电饭锅如今已非常普及,是家用电器中使用频率较高的电器,若使用、保养不当,就会使耗电量增大。这方面有不少省电小技巧。

### 181. 巧选节能电饭锅

电饭锅最好选用定时式的。因为此种电饭锅比其他保温式电饭锅省电。

依据家庭人口数及食量,选购适当容量的电饭锅。一般来说,煮

1公斤的米饭,500瓦的电饭锅约需30分钟,耗电0.25度,而用700瓦电饭锅约需20分钟,耗电0.23度。功率大的电饭锅,省时又省电。

## 182. 开水煮饭益处多

许多人煮饭的时候都是直接把米放进冷水里煮。如果我们先烧一壶开水,再将开水与米一起放入锅中煮,这样,大米一开始就处于高温度的热水中,有利于淀粉的膨胀、破裂,使它尽快变成糊状,不仅可节电30%,还更容易被人体消化吸收。

另外,同样功率的电饭锅烧一壶开水的耗电量是电水壶的4倍左右,所以用开水煮饭还可以节电。

## 183. 煮饭用水应恰到好处

用电饭锅煮饭一定要准确测试放水量。在使用时除按照说明书规定的放水量放水外,还应注意按不同米质放水,并逐步摸索精确的放水量。水若放多了,电饭锅会将锅中的水全部蒸发后才能进入保温状态,这样既耗电又无实际意义。

## 184. 大米先泡后煮可省电

使用电饭锅煮米饭时,将淘洗的米浸泡10分钟后再煮,可以达到省电的目的。

## 185. 节电好吃有妙法

煮米量较多时,米饭泡沫易溢出锅外。为了节约电能,避免米汤外溢,可在米饭沸腾后用手指轻抬按键,使其跳起切断电源,充分利用电热盘的余热将米汤蒸至八成干,过 7～8 分钟,再按下按键,饭熟后自动跳开。这时,不要急于掀开锅盖,要焖 10 分钟后再食用。这样使用,既节约了电能,米饭又松软可口。为减少按键开关频繁而使触点磨损严重,也可采用拔下电源线插头或加装闸刀开关等办法来切断电源。

## 186. 饭熟时拔掉电源

饭熟后要及时把插头拔掉,可以充分利用电饭锅的余热,假设不拔掉插头的话,电饭锅会进入保温状态,当温度低于 70℃的时候,它会自动启动,如果长时间不拔,这样断断续续地自动通电,既费电又会缩短电饭锅的使用寿命。

## 187. 盖上毛巾熟得快

现在几乎家家都用电饭锅焖米饭了,如果在电饭锅的锅盖上盖一条毛巾(注意不要堵着出气孔),可以减少热量损失,起到一定的保温作用,从而达到省电的目的。

## 188. 盖焖法煮面煮粥省心省电

用电饭锅煮面条时,水开后放入面条,煮 3～5 分钟将电源断开,利用电热盘的余热,保温几分钟即可。同样,煮粥也可以一开锅就拔掉电源,盖紧盖子焖 10 分钟左右,就可以出锅了,这种方法既省心又省电,真是一举两得。

## 189. 电饭锅巧熬绿豆汤

熬绿豆汤等豆类汤时,可以将其先浸泡数小时,然后再放在电饭煲里熬至水开后,将其放在保温状态5分钟,再加热,如此一至二次,汤就熬好了,用电饭煲要比放在燃气灶上熬汤节省1/4的费用成本。

## 190. 定时器节电很方便

老式的电饭煲没有定时功能,可购买一个定时器,加在插座上,以达到节电的目的。

## 191. 电饭锅的维护与保养

经常保持内锅、外锅和电热盘的清洁,电热盘表面与锅底长时间使用被油渍污物附着后会形成黄黑色焦炭膜,影响导热性能,增加耗电,应擦拭干净,也可选用细砂纸轻擦或用竹木片刮除,以免影响传热效率,浪费电能。内锅底应避免碰撞变形,不煮酸、碱类食物;不使用时,不能放在有腐蚀性气体或潮湿的地方,以免内锅底或外锅表面产生氧化物而不能保持最佳接触状态,影响电饭锅的热效率。使用电饭锅时,务必将内锅外表面的水擦干,再放入外锅内。

# 第十五章　微波炉

微波炉,顾名思义,是一种用微波加热食品的现代化烹调灶具。微波是一种电磁波。微波炉由电源、磁控管、控制电路和烹调腔等部分组成。

消费者在选购微波炉时往往看重品牌和容量大小,认为容积越大加热越快,忽视了机箱内底板的面积大小。业内人士提醒消费者,在选择微波炉时,一定要注意微波炉底板面积的大小,因为底板面积越大,加热越快,热度越高,受热面积越均匀。在底板面积相同的前提下,容积为 23 升和 21 升的微波炉相比,显然是 21 升的微波炉热效率更高。所以,消费者在选购微波炉时一定要"透过现象看本质",不可忽视底板尺寸。

微波炉瞬间启动后会产生噪音,启动几秒以后可以听微波炉的噪音大小。如果启动时的噪音和微波炉运转几秒后的噪音比起来,差别不是很大,证明微波炉的性能不是很理想,启动后耗费的无用功太多,耗电量也就更大。

## 192. 微波炉也分功率

微波炉应放在平稳、干燥、通风的地方,炉子前后左右及上部均应留出 10 厘米以上的空隙,以保持良好的通风环境。

微波炉功率一般采用 5 挡选择,在烹饪时可参照如下情况进行功率选择。

高功率(全功率)烹饪速度快,适宜煮需时间短而又要求鲜嫩的食物。大多数食物的烹饪都选用此挡。如烹调蔬菜、米饭、鱼类、肉类、家禽、煎蛋等。

中高功率(烘烤再加热)适用于食物的再加热,烹饪纤维较密、需时较长的食物,如牛肉类。

中功率(焙烤、煨烧、文火)适合需时稍长的食物或焙烤食物,使食物干脆。

中低功率(解冻)适合经电冰箱冷冻过的食品解冻及烹饪低热食物。

低功率(保温)适合于食品保温、软化牛油、奶酪等食物。

## 193. 陶瓷内胆微波炉更节电

微波炉的内胆有很多种,其中陶瓷传导热量的能力最高,能将更多的热量保留在炉腔内,使加热变得更强劲、更轻松,电力消耗却能保持最低限度,它还能反射大量的微波红外线,不仅能维持食品原味及维生素营养,而且能使加热变得更均匀。陶瓷内胆基本上都添加了抗菌元素,能抑制细菌在炉腔表面成长繁殖,并防止异味产生,同时也因为它表面光滑,不易积尘,从而便于清洁各种油渍及污渍。

## 194. 有条件应选择光波杀菌微波炉

光波杀菌消毒的优点在于速度快、无污染,既有热效应杀菌,又有非热效应杀菌,具有双重杀菌功能,能在极短的时间内高效杀死病菌。有研究数据表明,对于生猪肉、生鱼肉、生牛奶、自来水中的污染菌以及猪肉和鱼肉中的污染沙门氏菌、金黄色葡萄球菌和大肠杆菌,数码光波炉加热 3～5 分钟,杀菌率可达 100%。

## 195. 要远离磁场干扰

微波炉附近不要有磁性物质,以免干扰炉腔内磁场的均匀状态,使工作效率下降。还要和电视机、收音机保持一定的距离,否则将会影响其视、听效果。

使用微波炉时,千万不要让微波炉空载运行。因为空烧时,微波的能量无法被吸收,这样不但会白白浪费电能,而且很容易损坏磁控管。为防止一时疏忽而造成空载运行,可在炉腔内放置一个盛水的玻璃杯。同时也要注意,不要将闲置的微波炉当贮藏柜使用。

## 196. 微波炉做米饭省时省电

将米倒入微波炉专用的玻璃煮锅里,加入适量清水,盖好盖子,放入微波炉,使用中高火,定时 7 分钟,米饭就做好了,真是简单快捷!

我们不妨作一个简单的对比:一般电饭锅的功率是 900 瓦,用时 20 分钟,耗电 0.3 度;而微波炉功率是 700 瓦,用时是 7 分钟,耗电不到 0.1 度。微波炉做的米饭颗粒完整,整体软硬适中,而电饭锅做的米饭有的地方软,有的地方硬,而且时常还有煳锅的现象。所以,你不妨尝试一下用微波炉做米饭的效果。

## 197. 加热食物需用保鲜膜

在用微波炉烹调食物时,常遇到的问题就是食物容易变硬变干,如果希望做出来的美食保持水分,可以在食物的外面包上微波炉专用的保鲜膜或盖上塑料盖子,这样加热的食品水分不易蒸发,食品味道好,而且加热的时间会缩短,能够达到省电的目的。也可在烹调食物前,先在食物表面喷洒少许水以提高微波炉的效率,节省用电。

## 198. 根据食物巧选火力

在使用微波炉时,应根据食物的类别和数量选择火力和时间。在同样长的时间内使用中微波挡所耗电能只有强微波挡的一半。如只需要保持嫩脆、色泽的肉片或蔬菜等,宜选用强微波挡烹调,而炖肉、煮粥、煮汤则可使用中挡强度的微波进行烹调。

## 199. 控制好加热时间更省电

食物的本身温度越高,烹调时间就越短;含水量高的食物,一般容易吸收较多的微波,烹饪时间比含水量低的要短;烹饪浓稠致密的食物比多孔疏松的食物加热所需时间长;夏天加热时间比冬天时间短。另外,用微波炉烹饪食物时,宁可烹饪不足也不要烹饪过度,微波炉重新烹饪不会影响菜肴的色香味。

## 200. 适当洒水热得快

微波炉在加热过程中,只会对含水或脂肪的食物进行加热,加热较干的食物时,可在食物表面喷洒少许水分,这样可提高加热速度,减少电能消耗。

## 201. 开关切勿太频繁

微波炉启动时用电量大,使用时应尽量掌握好时间,减少重复开关次数,做到一次启动烹调完成,达到节电的效果。这里也告诉您一个查看食物是否加热的窍门。您在微波炉工作完毕后,打开炉门摸一下食物碗底的中心点,如果烫手就证明食物已加热,可以食用了。时间长了,您还可根据经验断定食物用多长的时间即可加热,这样也可减少开炉的次数。经实验证实,用 800 瓦微波炉高火一次加热 5 分钟耗电 0.066 度,如果改成加热 5 次,每次 1 分钟,则耗电 0.08 度,增加了约 1/5。

## 202. 加热菜肴要适量

用微波炉加热菜肴,菜量不宜过多,否则不仅加热的时间比较长,而且还会造成菜肴的表面变色或是发焦。每次加热菜肴时,如果容器内菜肴的数量少一些,不仅能保证菜肴加热的效果,还能节省用电量。一般来说,烹调一个菜以不超过 0.5 公斤为宜。

## 203. 利用余热可省电

微波炉关掉后,不宜立即取出食物。因为此时炉内尚有余热,食物还可继续烹调,最好过 1 分钟后再取出。

## 204. 插座接触要良好

微波炉等电器插头与插座的接触要匹配良好。否则不仅增大其耗电量,还会造成安全隐患。

## 205. 如何使食物快速均匀解冻

使用微波炉解冻食物时,应先将一只小碟反转放在大而深的碟上,然后把食物放在小碟上再放进微波炉解冻,这样解冻过程中溶解出来的水分便不会弄熟食物。同时在食物解冻过程中,每隔 5 分钟将食物拿出来,加以翻转及搅动 1～2 次,以达到均匀解冻的效果。对于小块的肉类,如鸡翅、小块肉类等,必须平放在碟上,才可均匀快速地解冻。

## 206. 不用微波炉解冻

如果你经常使用微波炉,那么建议你尽量不要用微波炉解冻冰冻食品。你可以提前放入冰箱冷藏室内慢慢解冻。微波炉解冻一次食物通常需要 5 分钟左右,对于功率为 800 瓦的微波炉,将耗电 0.03 度。

## 207. 微波炉经常清洗可省电

微波炉要保持箱内清洁,尤其是风口和微波口的清洁,可以节省 35％的电能。方法是将一个装有热水的容器放入微波炉内加热两三分钟,让微波炉内充满水蒸汽,这样可使顽垢因饱含水分而变得容易去除。清洁时,应先拔下电源插头,使用软布及中性清洁剂的稀释水先擦一遍,再分别用清水洗过的抹布和干抹布作最后的清洁,如果仍不能将顽垢除掉,可以利用塑料卡片之类来刮除,切勿使用金属刷清洗,以免划伤内部。最后,别忘了将微波炉门打开,让内部彻底风干。

# 第十六章 电磁炉

电磁炉的原理是采用磁场感应涡流加热，即利用电流通过线圈产生磁场，当磁场内磁力线通过铁质锅的底部时，磁力线被切割，从而产生无数小涡流，使铁质锅自身的铁原子高速旋转并产生碰撞摩擦生热而直接加热于锅内的食物。在加热过程中没有明火，因此既安全又卫生。

使用电磁炉的时候，要检查电源线是否符合安全使用的要求，由于电磁炉属于大功率家电，因此在选择电线的时候应该选用能够承受较大电流的铜芯线，并且选择配套使用的插座盒插头。否则会烧毁电线和插头，造成安全隐患。如果不放心，可以安装保险盒，以确保安全。

孕妇最好不要使用电磁炉。

## 208. 经济节能的电磁炉

与传统的燃气灶相比,电磁炉具有更大的节能优势。首先,它的热效率比要比普通煤气灶高。煤气灶的热效率在50%左右,而电磁炉的要在85%以上,这说明能源浪费很少,也就意味着省钱;其次,使用电磁炉既没有明火带来的燃烧热量,这样可以减少对于空调、冰箱等其他家用电器的耗能,也没有煤气不充分燃烧时带来的废气,可减少抽油烟机的工作压力;第三,所有电磁炉都采用变频加热技术,根据加热需要调整功率,对于温度的控制也容易,省电又安全。

在日常使用电磁炉时,我们要尽量使用铁、特殊不锈钢、铁烤珐琅等质地的平底炊具,底的直径以12～26厘米为宜。在使用完毕后要立即关闭电源,并且尽量购买具有控温功能的电磁炉,这样既节电又安全。

## 209. 功率并非越大越好

热功率是电磁炉的主要指标,功率越大,加热的速度越快,因此价格也就越高。其实,2000瓦左右的电磁炉已经可以满足一般家庭的需求,这样还能兼顾到家庭电源线路的承受能力,而不是功率越大越好。

## 210. 选电磁炉要看面板

首先要看面板是否平整,有无凹凸或倾斜,应选择平滑无损的;再看面板的颜色,一般知名的厂家都采用黑色的德国塞兰微晶玻璃板和表面光滑纯白色的日本陶瓷面板;而国产的A级和B级板也呈白色,但B级板的边沿粗糙,没有A级的光滑,C级板容易发黄变色,生产厂家大多会在上面印制图案。

## 211. 选购具有控温功能的电磁炉

最好选择具有无锅保护、空锅保护和不当加热保护功能的产品。在工作状态下移开锅具，观察电磁炉是否能自动报警，通常在 2 分钟左右即会自动切断电源；或者空锅加热时间稍长，优质的电磁炉会自动发出报警并停止加热；或者锅具面积少于 65％时不能正常加热。

## 212. 如何选择电磁炉的散热风扇

一般看电磁炉底部的散热风扇时，应选择风扇对角线尺寸大的产品。最好是采用磁悬浮、液压或纳米陶瓷风扇，因为散热效率的高低会影响内部元器件的使用寿命，而好的散热风扇会减少正常运作时的噪音。如果能拆开的话，可用手按压风扇扇叶，能够按下去 2 毫米左右的是磁悬浮风扇，反之则不是。

## 213. 务必使用钢质锅具

电磁炉是利用低频（20～25 千赫）线圈的磁场，经过导磁性（铁质）锅具产生涡电流转化为热量来加热食物，能源效率特别高。因此，电磁炉务必使用铁质或特殊不锈钢质的平底锅具，锅底直径以12～26 厘米为宜。如果锅具过小，会导致电磁炉的四周一直在空烧，所以在选用锅具时，还要根据电磁炉的功率买合适的锅具。

## 214. 电炒锅巧用余热可节能

在炒青菜时，油热之后，将青菜放入锅中，翻炒一下（根据青菜的多少而灵活掌握时间长短），即可断电，利用电热盘的余热将菜炒熟。这样既可保持青菜的营养价值，又可节约用电。

煮汤时,水将开时也可断电,同样可以利用余热将水煮沸。

用电炒锅烙饼,在锅烧热后,放入面饼即可断电,约过半分钟后通电,将功率由高调到低,直至饼熟,这样不仅省电,而且烙出的饼外酥里嫩,香脆可口。

用电炒锅炒菜时,应先将菜和作料准备好,待火候符合要求时可迅速操作。炒菜完毕需做汤时,可利用电炒锅的余热做汤,这样可充分地利用电能。

## 215. 通风良好散热快

电磁炉的通风口应离墙壁15厘米以上,并且四周通风良好,以利于炉具散热,避免浪费电能。

## 第十七章　抽油烟机

　　抽油烟机又称吸油烟机，是一种净化厨房环境的厨房电器。它安装在厨房炉灶的上方，能将炉灶燃烧的废物和烹饪过程中产生的对人体有害的油烟迅速抽走，排出室外，减少污染，净化空气，并有防毒、防爆的安全保障作用。抽油烟机需要定期进行清洗，简单清洗是处理不掉油污的，必须使用专业的清洗剂进行清洗。

　　抽油烟机的正规安装方法是用膨胀螺栓水平地将抽油烟机固定在混凝土或砖墙墙面上，不能直接固定在非承重墙墙面上，更不能固定在橱柜上。已经固定在橱柜上的抽油烟机必须拆下重新安装。

## 216. 选择节能高效的抽油烟机

　　目前市面上一些超薄型抽油烟机，虽然外形美观大方、制作精良,但使用效果却不是很理想,且清洗麻烦。选购油烟机应以深型、大功率(单电机功率在 95 瓦以上)为最佳选择。深型油烟机由于功率大,风扇为涡轮式,外形结构合理,因而吸排力强、噪音低、拆卸方便、清洗简单。它的另一显著特点是有三挡调速,能根据使用者的需要随时调整吸排力的大小,如炒菜、煎炸食品用强挡,烧开水、熬稀饭、炖肉时用低速挡,可长时间运转,十分方便地就可以节约电能。

## 217. 抽油烟机并非功率越大越好

人们容易对抽油烟机的功率有一种误解,认为功率越大吸力也就越大。其实功率大了,固然风量和风压也随之增大,吸力会更好,但功率越大噪音也会越大,而且也越费电。因此抽油烟机的风量、风机功率和噪音应该综合考虑,在达到相同吸净率的前提下,风机功率和风量应该越小越好,既节能省电,又有较好的静音效果。

## 218. 抽油烟机不要当换气扇

不要用抽油烟机当换风设备,在有油烟产生时才开启抽油烟机。做饭时尽量使用抽油烟机上的小功率照明,关闭房间其他光源。另外,在使用抽油烟机的时候要保持厨房内的空气流通,这样能防止厨房内的空气形成负压,保证油烟机的抽吸能力。

## 219. 抽油烟机的清洁与保养

抽油烟机在保养或维修时需先将插头拔掉,以免触电。最好的保养方法是在每次使用后用干布蘸中性清洁剂擦拭机体外壳,当集油盘或油杯达八分满时应立即倒掉以免溢出,同时应定期用去污剂清洗扇叶及内壁。附有油网的抽油烟机,油网应每半个月用中性清洁剂浸泡清洗一次,对于开关及油杯内层易积油的地方,可用保鲜膜覆盖,待到清洗时只要直接撕开更换即可,非常简单方便。

## 220. 正确清洗抽油烟机风叶

抽油烟机使用一段时间后风叶上会附着很多油垢,这时如果清洗方法不得当,可能会增加继续使用时的耗电量。频繁拆洗抽油烟机容易导致零件变形,从而增加阻力,增加电能消耗。建议半年拆洗一次。其实油烟一般是不会进入电机的,建议擦洗表面就可以了。专家提醒,清洗抽油烟机时,不要擦拭风叶,可在风叶上喷洒清洁剂,让风叶旋转甩干,以免风叶变形增加阻力。

# 第十八章 吸尘器

吸尘器的工作原理是,利用电动机带动叶片高速旋转,在密封的壳体内产生空气负压,吸取尘屑。

选购时要注意,吸尘器各部分连接应严密,尤其是集尘部分与动力部分的交接处。检验方法是:启动电源开关,用手靠近交接缝处,若没有漏风的感觉,则密闭性良好,否则较差。密封差的吸尘器不仅吸尘效果差,而且耗电量大。

## 221. 按功能选购吸尘器

对于一般化纤地毯、地板、沙发等的清洁吸尘,选择输入功率为600瓦左右的吸尘器吸力已足够;而对于羊毛长绒地毯的吸尘,功率可大些,但若大于1000瓦,在给地毯吸尘时反而会有推不动吸刷的感觉。因此在选购吸尘器时,应根据使用环境来选择功率大小适宜的吸尘器,这样既方便使用又利于节电。

## 222. 安全使用吸尘器

启动前,应检查吸尘器的过滤袋框架是否放平,应该关紧的门、搭扣或盖是否关好、盖严和搭紧,检查确认安全无误后才可启用。使用前,应将被清扫场所中较大的脏物、纸片等除去,以免吸入管内堵塞吸尘器进风口或尘道。使用时,注意不要吸进易燃物、潮湿泥土、金属屑等,以防损坏机器。使用一段时间后,吸力会减弱,此时只需彻底清除管内、网罩表面和内层的堵塞物、积尘,即能恢复原有的吸力。

## 223. 吸尘器也要注意使用方法

要根据清扫部位的不同情况来选择适当的功率挡。对于可调速的吸尘器,一般把最大的吸速用于地毯吸尘,其次用于地板吸尘,再次用于床及沙发吸尘,最小的用于窗帘、挂件等的吸尘。

## 224. 根据情况换吸嘴

使用吸尘器时,应依据地面(地毯或地砖)情况、灰尘的多少来调整风量强弱,并配合使用合适的吸嘴。如清洁地毯或地板时应选用两用嘴;清洁墙角或墙边时应选用缝隙吸嘴;清洁书柜或天花板时应选用圆吸嘴;而清洁沙发时应用家具垫吸嘴。吸嘴选用正确可使吸尘器的吸力增强,工作效率也增加,同时达到节省电能的目的。

## 225. 尽量少用吸尘器

先整理房间再使用吸尘器,可以减少吸尘器使用时间。清洁居室时多用扫帚,无法有效清理的地方再使用吸尘器。

## 226. 及时清洗过滤袋

吸尘器应经常清除过滤袋中的灰尘,这样可减少气流阻力,提高吸尘效率,减少电耗。若吸尘器的过滤袋中的灰尘不及时清除,吸尘器的吸力将会减弱,在相同功率下,吸物能力将降低,清除同样大小的地面需要的时间增加,所以耗电量也将增加。

## 227. 巧用吸尘器当真空机

在季节变换时,被褥、羽绒服等物品收藏时占用储藏空间大,而且保管不当容易霉蛀。如果将它们放入定制的塑料密封袋,再用吸尘器将袋内空气抽掉密闭扎紧,不仅可以大大节省储藏空间,而且也不易受潮霉变。

## 228. 巧用吸尘器保养家电

利用吸尘器可以对诸如电视机、影碟机、计算机、音响、空调机等电器进行日常保养,清除电器内外的灰尘。除尘时,应先将电器的电源插头拔掉,按说明书将电器外壳打开卸下,选用合适形状的吸管伸进电器内部将灰尘清除,然后再用电吹风驱除潮气,最后再将外壳装好恢复原状即可。

## 229. 巧用吸尘器找小物品

如果想找些细小的东西,比如纽扣、别针、大头钉一类的,可以先用一层薄纱布把吸尘器的吸管口包好,根据物品大小选择适当的风力,接通电源后用吸管口在落物处四周滑动,丢失的物品很快就会被吸到纱布上。

## 230. 吸尘器也要注意清理和保养

　　使用吸尘器前,应认真检查吸尘器的风道、吸嘴、软管及进风口有无杂物堵塞,发现堵塞应立即清除;使用一段时间后应及时清除过滤袋中的灰尘,这样可减少气流阻力,提高吸尘效率,减少电耗。在使用中如果马达机件产生过热现象或发出异常声响,应先关闭电源,再进行检查。

## 第十九章　消毒柜

消毒柜是指通过紫外线、远红外线、高温、臭氧等方式，给食具、餐具、毛巾、衣物、美容美发用具、医疗器械等物品进行杀菌消毒、保温除湿的工具，外形一般为柜箱状，柜身大部分材质为不锈钢。

消毒柜要"干用"。采用加热消毒的消毒柜是通过红外发热管通电加热，柜内温度上升至200℃～300℃，才能达到消毒之目的。消毒柜里面的红外线加热器管的电极很容易因为潮湿而氧化，如果刷完的碗还滴着水就放进消毒柜，其内部的各个电器元件及金属表面就容易受潮氧化，在红外发热管管座处出现接触电阻，易烧坏管座或其他部件，缩短消毒柜的使用寿命。

要经常检查柜门封条是否密封良好，以免热量散失或臭氧溢出，影响消毒效果。

### 231. 消毒柜节电妙法

首先,用完的餐具必须洗干净、擦干后再放进消毒柜。其次,不能承受高温的餐具必须放进低温层,这样才能缩短消毒时间,降低电能消耗。

### 232. 消毒柜如何放置更节能

消毒柜应放在干燥通风处,最好离墙距离不小于 30 厘米,否则易因散热不佳而增大电耗。

## 第二十章　电热水壶

电热水壶采用的是蒸汽智能感应控制,过热保护,水煮沸自动断电、防干烧断电,快速沸水的一种器具。一般具有分体式电源底座、水沸自动断开、水位指示标准、电源指示灯、干燥保护等安全装置。一般技术指标为 1000～1500W 左右,容量从 1 到 2 公升均有。

电热水壶的额定功率一般都较大,电源插头、插座、电源线的容量应选择适当,一般宜选用 10A 规格,如果额定功率超过 2200W,应采用更大规格的插座。另外,这些插座应独立使用,以确保安全。

### 233. 水壶加水量要适当

用水壶烧水时,水不宜灌得太满,以免水开时溢出。如果用电热

水壶烧水，水一定要漫过电阻丝的高度，以免浪费电能，发生危险。

## 234. 水垢要及时清除

电水壶内电热管结有水垢后要及时清除，这样可以提高电水壶的热效率，有效达到节电的目的，同时也能提高电热管的使用寿命。

# 第二十一章 吹风机

吹风机是由一组电热丝和一个小风扇组合而成的,通电时,电热丝会产生热量,风扇吹出的风经过电热丝,就变成热风。

吹风机手柄上的选择开关一般分为三挡,即关闭挡、冷风挡、热风挡,并附有颜色为白、蓝、红的指示牌。有些吹风机的手柄上还装有电机调速开关,供选择风量的大小及热风温度高低时使用。各类吹风机的外壳后面或侧面,都设有可旋转的圆形调风罩,旋动该罩调节进风口的截面大小,就可以调节输送的风速及热风的温度。

吹风机在使用结束前,要尽量做到将电吹风机先从"热"挡切换到"冷"挡,以便先切断电热元件电源,再让电热元件的剩余热量由冷风帮助吹出,使电吹风机内部温度降低,最后再将全部电源切断。这样可使电吹风机内部绝缘老化减慢,

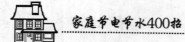

延长使用寿命。这样放置在桌上时，也不易烫伤其他物件。

## 235. 选择适合的吹风机

选择适当型号、功率的吹风机，以节省耗电量。一般具有扁头的风口对头发是比较好的，原因是将风量都集中于这个风口，具有热度高、易干的特性，使头发容易吹出型，同时也节约了时间，节约了电能。此外，还应优先选择带有安全装置的产品，当机体内部温度过高时安全保护装置（即温度开关）会自动断电，待机体内部温度降低后，才可恢复正常使用。

## 236. 先擦头发后吹风

洗头发后，应用毛巾将头发擦干后再使用吹风机，以节省吹发时间长造成的耗电，一般来说，不擦干头发需要吹5分钟，擦干后再吹只需3分钟左右即可。对于800瓦的吹风机，吹一次头发可节约0.03度电。

## 237. 别在空调屋内吹头发

夏天不要在开着空调制冷的房间内使用吹风机吹头发，以免增加空调的耗电量。

## 238. 定期清理省电多

使用吹风机时,应避免让异物掉入吹风机内,并应定期清除吹风机的进、出风口,以免阻碍冷热风的流通,造成机体内部温度过高而导致的耗电及机件故障。

# 第二十二章　电熨斗

电熨斗是平整衣服和布料的工具,功率一般在300～1000W之间。它的类型可分为普通型、调温型、蒸汽喷雾型等。普通型电熨斗结构简单,价格便宜,制造和维修方便。调温型电熨斗能在60～250℃范围内自动调节温度,能自动切断电源,可以根据不同的衣料采用适合的温度来熨烫,比普通型来得省电。蒸汽喷雾型电熨斗既有调温功能,又能产生蒸汽,有的还装配上喷雾装置,免除了人工喷水的麻烦。

要及时清除电熨斗外表面的污物。化纤织物表面的绒毛容易被熔化,并粘附在底板上结焦,形成黑斑,不仅难看,也给使用带来不便。

## 239. 巧选节能电熨斗

购买电熨斗时应选择带有温控调节器和蒸汽熨烫功能的产品。家用电熨斗有两种型号,一种是普通型,其结构比较简单,价格便宜,但不能调节温度;另一种是能调节温度的,称为调温型。调温型电熨斗升温快,达到设定温度后又会保持恒温。使用时,只要预先旋转调温旋钮到某一设定温度,就可使电熨斗保持这一温度。家庭最好选用功率为 500 瓦或 700 瓦的调温型电熨斗,这种电熨斗升温快,达到使用温度就会自动断电,不仅节约电能,还能保证所熨衣物的质量。普通型电熨斗最好选择手柄上带有开关的,可随时控制温度,节省电耗。

## 240. 用前做好准备工作更省电

在电熨斗接通电源之前应将有关工作准备好,安排好工作场地,把要熨的衣服集中在一起,避免将熨斗多次加热。熨斗加热一次,温度从常温升高到可以使用大约需要 2~3 分钟,其耗电量大约为 0.05 度电,多次加热会造成不必要的浪费。还要根据不同衣料所需的温度由低到高的顺序进行分类,避免一次只熨一两件,将熨斗多次加热。保证在同一温度下尽量将同种衣服熨烫完,并要善于利用熨斗余热。

## 241. 蒸汽电熨斗先加热水可省电

使用蒸汽电熨斗时,先加热水,这样既省电又省时。

## 242. 充分利用电熨斗的余热

充分利用电熨斗余热是节约用电的一种方法。如在熨烫毛料服装正面时，需要较高的温度，当接着熨反面时，又需要较低的温度。所以，在快熨烫完正面的前 1 分钟左右，应关掉开关，待熨完正面再去熨反面时，温度刚好合适。如果要接着熨第二件毛料服装，就用低温熨反面，提前 1 分钟左右接通电源，待电熨斗温度上升后，再熨正面正合适。

## 243. 根据衣料选温度

熨烫衣服时，应注意掌握熨烫各种衣料所需要的温度，一般棉织品较耐高温，约 180℃～210℃；其次是毛织品，约 150℃～180℃；第三是化纤织品，约 70℃～160℃。使用普通型电熨斗需掌握通电时间，电熨斗通电时间越长，温度越高。

所以在通电后可先熨耐温较低的面料，如尼龙等化纤织物，然后熨丝绸、棉、麻、羊毛等天然纤维织物，最后熨耐温较高的上浆的衣服和厚实的织物，并适时使用蒸汽熨烫。如果熨烫顺序安排合理，可以省电 20%左右。

## 244. 衣服不宜熨过长时间

每次熨衣服时，不宜熨过长时间，以去除织物皱痕为准。绢物或化学纤维类衣服，一经受热，皱痕即消失，所以最佳方法是拔出插头，切断电源，利用余热熨烫。

## 245. 熨衣服时要专心

熨衣服时尽量不要做其他家务,否则电熨斗将很快过热,白白浪费大量电能。电熨斗在通电后 2～3 分钟内可升至工作温度,若熨的顺序安排合理,节电 20％左右。

# 第二十三章 台式电脑

电脑在现代家庭中已经成为必不可少的工作、娱乐工具，但稍不注意就会造成很大的电能浪费，我们平时在使用电脑的时候如何做到省电呢？

## 246. 节电电脑巧选择

选择具有绿色节电功能的电脑，带有这种功能的电脑暂时不用时可设置休眠等待状态，自动降低机器运行速度，节约用电。

显示器是电脑耗电的"大头"，要选择适当大小的显示器。因为显示器越大，消耗的能源越多，例如，一台 17 寸的显示器比 14 寸显示器耗能多 35％。

另外，电脑显示器的分辨率和亮度都是些很细节的东西，但如果我们将这些细节都控制好，也能省下不少电。显示器的分辨率与能耗成正比，分辨率设置得高，能耗就会增加，电源输出功率也相应增加。

亮度大小对能耗也有影响。亮度增大，电子数量增加，发射电子的阴极流过更多的电流,所以能耗也有所增加。要根据实际情况调整显示器亮度。在做文字处理时,将背景调暗些,节能的同时还可以保护视力,减轻眼睛的疲劳度。

液晶显示器(Liquid Crystal Display,LCD)由于目前技术已经较为成熟,某些产品在显示亮度等主要指标上已与阴极射线管显示器(Cathode Ray Tube,CRT)不相上下,已开始占据了主流显示器市场。15 英寸 LCD 的功耗仅 30 瓦左右,耗电量还不足同尺寸 CRT 显示器的一半。

## 247. 不用的设备先屏蔽

像光驱、软驱、网卡、声卡等暂时不用的设备可以先屏蔽掉。比如外置光驱,不用光驱的时候,尽量把它拔掉,因为即使没有使用,光驱也一样会消耗电力。打印机、音箱等用时再打开,用完及时关闭。还有内置无线 WLAN 模块,不使用的时候也应该关闭。

## 248. 适当降频省电多

使用 CPU 降频软件降低 CPU 功耗是电脑最直接的省电方案。如果正在进行上网或音乐播放,为什么要高频工作呢?降频不仅降低了 CPU 的直接功耗,而且还让发热量降低,使系统风扇变得更加缓慢,从而降低风扇的耗电量。

## 249. 尽量使用计算机硬盘

在使用电脑时,尽量使用硬盘,同时尽量减少使用光驱,否则,一方面额外耗能(光驱使用时耗能 10 瓦左右),另一方面也容易磨损光驱。

对于常用的光盘,我们可以用虚拟光驱软件将其备份在硬盘当中。一方面由于硬盘速度快,不易磨损,另一方面,在开机后计算机硬盘就始终保持高速旋转,不用也一样耗电。因此,能用硬盘的时候就尽量充分使用。

## 250. 选择合适的电脑配置和外接设备

显示器的选择要适当,因为显示器越大,耗电量就越多。笔记本电脑比台式电脑耗电量低;喷墨打印机使用的能源比激光打印机少90%;打印机在使用时打开,用完后要及时关闭。

## 251. 充分利用省电模式

如长时间不使用电脑时,应将电脑的主机和显示器关闭。现在电脑都具有绿色节电功能,短暂休息期间,可设置休眠等待功能。设置方法为:在"开始"菜单中选择控制面板,双击电源选项。在"属性"对话框中选择"电源设置",便可以设置经过多长时间进入"系统待机"与"系统休眠状态"。这里的经过时间,就决定了不操作电脑时,经过多长时间进入省电模式。选择"从不"时,不会自动进入省电模式。设置省电模式后,当电脑在等待时间内没有接到键盘或鼠标的输入信号时,就会进入"待机"状态,自动降低机器的运行速度(CPU降低运行频率,能耗降低到30%,关闭显示器),直到被外来信号"唤醒"。这种低能耗模式可以将能源使用量降低到50%以下。

## 252. 长时间不用及时关机

暂停使用计算机时,如果预计暂停时间小于1小时,建议将计算机置于待机状态,如果暂停时间大于1小时,最好彻底关机。

## 253. 关机后要拔插头

平时用完电脑后要正常关机,应拔下电源插头或关闭电源接线板上的开关,并逐步养成这种彻底断电的习惯,而不要让其处于通电状态。在关机但没有拔插头的情况下,电脑会有约 4.8 瓦的能耗。

## 254. 装载自动关机程序

在自己的计算机上,可以下载一个自动关机程序。这样可以自己设定休眠、关机、关屏幕、网络断时关机的时间。当我们在家里使用计算机时,如果因为出去办事或者忙别的事务忘了关机时,计算机就可以自动关机,非常方便。

## 255. 巧算时间巧省电

经常需要离开时间为 2～15 分钟的话,开启 3 分钟屏幕保护,5 分钟关闭显示器功能,这样比较省电,也能保护显示器寿命。离开 15 分钟以上的话最好使用待机功能,等重新开始用计算机时就可以轻松唤醒,也可以使用休眠功能,休眠唤醒后窗口依然保持上次的样子,这几种方法都能不同程度地起到节电的作用。

## 256. 及时关闭计算机连接设备

一般的计算机外部连接设备在不用的状态下,都应该是关闭状态,如打印机在使用时再打开,用完及时关闭。这样一方面可以节约电器在待机时的耗电,一方面也可以保持电压稳定,防止意外停电、断电造成的电流冲击,提高这些外部设备的使用寿命。此外,移动存储设备更不要长时间插在计算机上,要即用即插,用完拔出,避免长时间连接耗费电能。拔出前要先使用任务栏中"安全删除设备"功能退出设备连接,再拔出。

## 257. 不要频繁启动计算机

因为每启动一次都要用强电流,会大量耗电。同时注意关闭不必要的随机启动程序,缩短启动时间。

## 258. 电脑要定期保养

计算机要经常保养,注意防潮、防尘,并要注意保持书房环境清洁。显示器屏幕上的灰尘会影响其亮度,亮度高耗电量增大,要用专用擦拭布擦拭;如果机箱内灰尘过多也会影响计算机散热,所以要注意定时定期用小毛刷子清除。

清理内容不仅包括外部的卫生,计算机系统也应定期进行整理,关闭不常用的软件,清理磁盘碎片,优化内部设置等等,都可以起到一定的节电作用。例如检查屏幕右下角的系统栏,看看有没有没用的图标出现。同时按 Ctrl+Alt+Del 快捷键,也可以关闭那些并不使用的软件。

## 第二十四章　笔记本电脑

笔记本电脑,中文又称笔记型、手提或膝上电脑,是一种小型、可携带的个人电脑,通常重1～3公斤。其发展趋势是体积越来越小,重量越来越轻,而功能却越发强大。

购买前的细心准备往往能达到事半功倍的效果。前期准备首先要根据自己的预算,决定适合的品牌,千万别因贪图便宜而选择品质、售后服务都较差的小品牌或杂牌。其次要摸清这款机器的配置情况,以及预装系统和基本售后服务。

室温(20℃～30℃)为电池最适宜之工作温度,温度过高或过低的操作环境将缩短电池的使用时间。

## 259. 选择适合的 CPU

笔记本电脑最耗电的部件就是 CPU（中央处理器），人们一般比较喜欢选择频率比较快、性能比较高的 CPU，殊不知，性能越高的 CPU 越耗电。我们如果只是看看文件、上上网，选择高性能的 CPU 是没有必要的，只会造成电能的浪费。所以，要根据使用需要选择 CPU，够用即可。

## 260. 选择配有 DDR 内存的笔记本电脑

DDR 内存要比 SDRAM 内存省电，因为 DDR 内存的工作电压是 2.5V，而普通 SDRAM 内存为 3.3V。所以建议大家购买笔记本电脑时注意最好挑选配置 DDR 内存。

## 261. 调低屏幕的亮度

笔记本电脑的液晶屏幕也是一大耗电元凶，若想让笔记本电脑更省电，选用"低温多晶硅"技术制成的液晶，不仅画面表现效果更精细，电源消耗也较低。除液晶面板本身的耗电外，其实位于面板背后的液晶灯管，耗电也相当凶，若想节省电力，只需在视觉允许的范围内，把液晶屏幕的亮度调暗。这样不仅能够省电，还可以保护我们的视力。若要调整屏幕亮度，请参阅笔记本型计算机制造商提供的说明。每台计算机的方式略有不同，但您通常可以使用组合键、功能键或软件工具，降低屏幕亮度。另外，使用全黑色的背景替代那些花哨的图片。

## 262. 减少光驱的使用次数

光驱也是笔记本电脑中的耗电大户,全速度工作下的光驱要比硬盘更加费电,而且也会产生较大的热量。一台可以连续使用 3 小时的笔记本电脑,如果使用电池电力播放 VCD、DVD,原有的电池电力可能只能使用 1.5 小时,有些用户有事没事都爱打开 CD 或 DVD 放音乐,电池的电量也随着音乐的播放悄悄地流走了。当较长时间不使用光盘的时候最好将光盘从光驱中取出来。对于经常使用的光盘,最好的方法是用虚拟光驱软件将其备份到硬盘上,这样是最省电的方法。

## 263. 尽量少启动硬盘

对于笔记本电脑来说,硬盘是其中比较耗电的部件,只要处于读写状态就会耗电,程序对硬盘的访问次数越多,硬盘就会越耗电,所以尽量少启动硬盘,也是省电的方法之一。我们也可以设置硬盘的停止工作时间,以便让硬盘在适当的时间进入停转状态,请注意这个时间要根据自己笔记本电脑硬盘的使用情况来合理设置,如果把关闭硬盘的时间设置得太短,硬盘可能会频繁地启动和停转,会影响硬盘的使用寿命。同时,定期重新整理硬盘也是十分必要的。若有针对硬盘数据定期重新整理的习惯,也可减少硬盘搜索数据的机会,也能节省一定电量。

## 264. 不用无线接收装置时要关掉

无限网络卡是一个严重耗用电量的设备。当您没有联机到无限网络时,应该将无限网络装置关闭。如果您使用的是 Centrino 技术的笔记本型计算机,请按下计算机上的手动硬件按钮。请参阅笔记本型计算机制造商提供的说明,了解手动硬件按钮在哪里。

## 265. 尽量少接外部设备

笔记本电脑的很多外设只要连接在笔记本上,即使不工作也会消耗笔记本的电力,所以当我们不需要使用这些外设时最好把它们从笔记本上取下来。还有笔记本的一些端口比如打印口、COM 口等等,在不工作时也会消耗笔记本的电力,如果用不到这些端口,最好是在 BIOS 中的将其禁用。很多人在使用笔记本时都喜欢使用外接的鼠标,出于节省电力的需要,最好还是使用笔记本上的自带的触摸板。

## 266. 根据工作性能调整系统功能

通常针对笔记本电脑设计的处理器,会较台式机种多出"工作性能调整"功能(有些机种可通过 BIOS 设定,部分机种则会提供专用软件调整),用户可针对目前开启的软件工作性质设定工作性能,比如文字处理工作的系统性能需求较低,就能把系统工作性能设定在低速模式,即可满足省电与工作的基本需求;当需要用到绘图软件这类较耗系统资源的应用程序时,只需再把"系统性能"切换至"高速模式"即可。一般单靠处理器工作性能来切换,就可比 CPU 在全速工作模式下省下 30%的电力。

## 267. 增加内存可省电

有条件的用户可以适当增加笔记本电脑的物理内存,可以将Windows 对虚拟内存的依赖降到最低,并降低电源的耗用。

## 268. 善用电源管理软件

对于一些名牌的笔记本电脑,通常会提供一些更加专业的电源管理软件,在配合各自的笔记本电脑使用的时候,往往具有一些特殊的功能:比如 SONY 的专用电源管理程序可以设置散热风扇的运行速度,还可以关闭不使用的接口以及插槽,以达到省电的目的;IBM 的电源管理程序则可以降低液晶屏幕的刷新率;而 TOSHIBA 的电源管理程序可以在电力不足的情况下直接关闭你所指定的任何一个设备。合理使用这些软件就可以更加节省电能。

## 269. 选择合适的软件

选择在笔记本电脑上运行的软件时,我们不一定要使用一些功能齐全但是对系统要求很高的软件,可以选择一些具有相同功能但是对系统要求更低的软件,比如我们只需要进行简单的打字工作,就不需要使用 OFFICE XP,它的功能虽然强大,但是对系统资源的要求也更高,同时也就更费电。我们完全可以使用低版本的 OFFICE2000 甚至 WINDOWS 自带的写字板和记事本来实现同样的目的,这样就可以大大减少 CPU 和硬盘的使用,同样也是一个省电的好方法。

## 270. 温度过高费电多

尽量避免在很高的温度下使用。笔记本电脑由于体积较小,依靠空气自然流动散热几乎是不可能的,当温度过高时,会启动内置的散热风扇来帮助散热。因此,使用笔记本电脑时尽量在通风良好的地方使用,注意不要让杂物堵住散热孔;如果是在家庭和办公室使用,有条件的朋友可以准备一块水垫,将笔记本电脑放在水垫上使用，因为水具有良好的导热性，可以充分吸收笔记本电脑产生的热量，从而让它保持在较低的温度下工作。

## 271. 上网节电妙招

目前，网上虚拟世界的诱惑实在是令人无法抗拒，但昂贵的网上消费又使网迷们心疼不已。如何节省上网费用？下面几招，供你参考：

☆要充分利用书签功能，可以节省输入网址的时间。你可以根据自己的需要和爱好，创建若干子书签夹，这样便于分类检索。具体操作是打开书签编辑窗口，再按照需要在子书签夹之下建深层书签夹。此外，还可以利用属性对话框，将其名称改为便于记忆的文字。

☆最好把你学习和工作中最需要和最感兴趣的内容和它们都在哪些网站中能够链接到，都记下来，这样，下次再用这些内容的时候就不至于到处乱查而浪费时间。

☆当你在网上浏览了许多内容后，突然又想回到起始或曾经到过的站点时，若返回一一寻找就要浪费很多时间，这时你可以点按"地址"的下拉按钮，在下拉菜单中，就记录着你本次上网走过的所有站点。

☆由于图形传输总比文字传输慢得多，因此，你在打开一个网页时，估计文字传输得差不多了，不必等这个网页的文图内容全部显示在屏幕上，就按下"停止"钮，从中查找你要链接的网页，这样就可以省去很多不必要的图形传输时间。

☆篇幅较长的文章，可先将其存盘，下线后再细细阅读。

☆发送电子邮件内容较多时，可离线写好，上网后利用"附件"发出。

# 第二十五章　平板电脑

平板电脑也叫平板计算机，是一种方便个人携带的小型电脑，以触摸屏作为基本的输入设备。

平板电脑一般使用电池作为电源，因此续航能力就尤为重要，掌握一些省电技巧往往可以延长不少续航时间。

## 272. 不使用时关闭 WiFi、蓝牙和 GPS

即使用户不上网、不用导航的时候，平板电脑上相应的模块也会耗费电量。在 iOS、Android 系统中的设置一项里，就可以看到这些开关，建议在不用时关闭。当然如果不经常将平板带到户外，就不用将之关闭了，一开一关怎么说都是个麻烦事。关闭暂时不用的模块可以节省电量。

## 273. 使用自动亮度调节

显示屏是数码产品最耗电的元件之一,平板电脑拥有比手机更大的显示空间,但由于考虑到便携性,内置电池电量往往没有笔记本那样给力,经测试,将产品亮度选择在 40％即可正常阅读,设置太亮有时反而容易造成眼部疲劳。

不同亮度的耗电自然不同。如果外部环境不是特别暗或特别亮的话,可以将亮度适当降低一些,不仅有利于节电,也使得屏幕不显得那么刺眼。方法是打开设置选项,找到"显示"一项,在里面就可以调整显示的亮度。

平板电脑通过光线传感器,可根据周围光线强弱自动调节屏幕亮度,在光线较弱的时候亮度柔和,在户外强光环境下亮度提高,以达到保护视力和延长续航时间的作用,因此建议将"自动亮度调节"功能打开,自动亮度调节功能并非摆设。

## 274. 系统美化需适度

看腻了千篇一律的界面,一些用户会开始对平板电脑的操作系统进行美化,拿苹果 iPad 的 iOS 系统来说,SpringBoard、WinterBoard 是时下比较流行的主题美化类软件,通过它可以加载漂亮唯美的 UI 界面,不过也有一定的负面效果,比如稳定性下降,影响续航时间等等,为此务实派们开始拒绝一切美化工具。

## 275. 自动锁定时间设置较短

不用平板电脑的时候,系统会自动屏幕关闭进入低功耗休眠模式,在设置中我们可以根据情况自由调节触发时间,非手动进行休眠的情况下,通常来讲设置的时间越短对续航越有帮助,自动锁定时间越短对续航越好。

## *276.* 慎用动态壁纸与小工具

动态壁纸绝对是一个费电的项目，挑选一张简约的静态壁纸既显得有条理，又有助于节省电量。

## *277.* 处理器频率与多任务管理

对于普遍拥有 1GHz 主频处理器的平板电脑来说，很多应用过于小儿科，而这种性能过剩也在一定程度上降低了续航能力，SetCPU 就是一款 Android 系统下的处理器设置工具，通过它我们可以自由设定处理器的最高和最低频率，对于一些用户而言，700MHz 主频已经够用，日后运行复杂的大型应用时，再调回处理器的最大输出频率即可。

## *278.* 适当降频可省电

如果你只是看电子书、浏览网页，或作为普通记事簿使用的话，那么一颗高性能的"芯"似乎就有点大材小用了。我们不妨将它降频以达到省电的目的。具体做法是：在设置选项里，找到运行模式一项，选为省电模式就可以了。

## *279.* 寒冷环境耗电快

尽量少在很冷的环境里使用，寒冷的环境会导致电子产品耗电过快。

## *280.* 关闭闲置功能

在听音乐时关闭背光,在不用的时候及时关闭机器,在嘈杂环境中采用关闭声音的方法(反正开了也听不到),也可以达到节电的目的。

## 第二十六章　数码音响

　　数码音响一般是指目前市场上采用数码影音功放、高清数码屏显示的音响，是现代家庭常用的电器之一。

### *281.* 听听信噪比，选择好音响

　　信噪比指的是信号与噪声的比值，这个比值越大越好，专业用功放都能达到90db以上。我们并非专业人员，在选择音箱时可以进行一个简单的测试：打开音箱的电源，在不接音源的情况下，开大音量，应该以听不到"咝咝"声为好，比较测试几款音响，选择噪音最小的。

### *282.* 辨明频响选音响

　　频响指的是频率响应，是音箱所能回放的频率范围，因为人类的听觉范围为20～2000Hz，所以音箱要尽可能地回放在这个频率范围内。由于工艺等原因，实际上这个指标不可能达到，一般标出的频率

响应范围小于这个范围,要以尽可能接近为好。

## 283. 迷你音响要注意使用温度

迷你音响的外壳材料一般都是用可塑性非常强的塑料或薄金属制成,所以尽量不要放置在阳光直射的地方,更不要在音响上放置重物,以免外壳变形。同时要注意一般音响器材的正常环境温度应为18℃~45℃,温度太低会降低某些零件的灵敏度,温度太高又容易使器件提早老化失灵,所以一定要远离暖气、取暖器等热源。

## 284. 注意开关机,保护好音响

有些音响十分注重开机和关机的顺序,一般是这样的:开机时先开 CD 机等主音源,再开音响单元;关机时先关闭音响单元,再关闭主音源;如果迷你音响连接有简单的放大器,那么要先关闭放大器,这样可以避免放大器产生过大的冲击电流损坏音响。开机时还应将功放的音量开关旋至最小,避免瞬间的大音量损坏音箱。从日常的细节处入手,会使家电的寿命延长很多。

## 285. 注意音响的预热保养

我们在使用音响欣赏音乐时,要避免一开机就将音响的音量调至很大,最好先用轻柔的音乐在中等音量的情况下预热十几分钟,等机器元件完全适应后,再把音响调大。因为刚开机时音响元件没经过预热,较大的音量会使其在瞬间满负荷工作,造成元件受损,时间一长会使一些内部脆弱的音响元件失效。

# 第二十七章 DC(数码相机) & DV(数码摄相机)

数码相机和数码摄像机一般使用电池作为电源,如果电池没电,往往会耽误拍摄。掌握一些省电技巧,延长电池续航时间,很有必要。

## 286. 数码相机不要只看薄厚

现在市面上的卡片式数码相机厚度大多在 2 厘米左右,重量在 100 克左右,虽然美观有余,但相对专业相机而言,卡片式数码相机限制了其自身的很多功能,变焦能力差,镜头畸变严重,成像质量有所欠缺,而且卡片机的电池使用时间短,锂电池又不方便随时更换,同时由于相机又小又轻,拍照时还容易抖动,拍出照片的效果更难保证。因此对于一般的家庭娱乐,卡片式数码相机是个不错的选择,但也不是越轻越薄越好,不要被外形迷花了眼。

## 287. 选数码相机看 CCD

CCD 图像传感器是衡量一个数码相机成像质量的关键,一般数码相机的档次都由 CCD 的像素来决定的,如果是普通家庭用户,500 万左右的像素就可以了;如果是更高档次的用户,那么 800~1000 万像素才能满足需要。

## 288. 镜头具备一定光学变焦能力

除了 CCD 外,镜头也是挑选数码相机的重点之一,想要获得高质量的图像,一定要选好镜头,特别是镜头的光学变焦能力,它决定了相机是否可以拍摄较远处或近处的景物。如今数码相机大多拥有 2~10 倍的光学变焦,要想进行精确的微拍及远距离高清晰度拍摄,具备一定的光学变焦是必需的。

## 289. 选数码相机不该只看高像素

像素高当然照片会更清楚,但是过高的像素会造成图片文件过大,查看不方便,需要大的存储卡支持;而且相同面积的 CCD,像素越高成像质量就会越差,所以不能盲目追求高像素,一般 500 万像素的相机用于计算机观看和冲洗一般尺寸的相片都绰绰有余,价格适中又实用。

## 290. 数码相机的节电妙法

尽量避免使用不必要的变焦操作。

避免频繁使用闪光灯,因为闪光灯可是耗电大户。

在调整画面构图时最好使用取景器,而不要使用液晶屏幕。数码相机开启液晶显示屏取景会消耗很多电力,而将它关闭则可使电池备用时间增长两三倍。

尽量少用连拍功能。一般的连拍功能大都利用机身内置的缓存来暂时保存数码相片,经常使用缓存所需电力非常多,因此应减少使用连拍和动态影像短片拍摄功能,对节电会有很大帮助。

## 291. 不用时关闭液晶屏

在相机不用时关闭液晶屏幕或直接关闭相机。虽然厂家在节电上已为我们考虑到,相机会在几分钟不用后自动关闭,但我们如果能手动关闭,这样又可以节约那几分钟所消耗的电能。

## 292. DV 机的节能要素

DV 机(数码摄像机)在外出拍摄时应尽量避免在风沙大的天气或地点使用,特殊情况下如要使用,时间尽量不要太长。

DV 机不是全密封的,风沙随时都有可能从任何一个微小的孔里溜到 DV 机里,这对于 DV 机的使用寿命是有影响的。因此拍摄完毕后,尽量不要将 DV 机拿在手上或挎在肩上,而应放在随身所带的摄像包里携带。

注意用清洁工具对 DV 机随时进行保养,比如先轻轻吹落 DV 机细小处的灰尘,然后用干净柔软的清洁布轻轻擦拭机身表面及液晶显示屏关合的背面即可。

如果镜头沾上了污迹,可用随机携带的专用清洁布擦拭镜头及液晶屏表面。

## 293. 数码相机怎样使用更省电

使用数码相机的人往往会担心在拍照的时候碰上没电的情况,

其实,如果采取一些省电的方法,可以让数码相机电池用得更久。

设置自动休眠功能。多让我们的相机在闲置的时候休息休息,也许在好景当前的时候就不会出现没电的尴尬。数码相机一般都具有自动休眠的功能。如:在 30 秒钟内无操作时,相机自动停止耗电内容,LCD 彩色液晶屏就会自动关闭,而重新"唤醒"这些功能,会比重新开机快很多。我们也可根据各自的使用习惯或使用的具体情况,自行设置具体的休眠时间,这样既可为相机省电,又不会错过"好景当前"的拍摄时机。

## 294. 使用恰当的取景方式

数码相机往往都设有液晶显示屏和光学观景器两种取景方式,如果你的眼力够好,那么还是选择后者比较好,因为它能使电池备用时间增长 2～3 倍,而且这样的取景方式,让你的拍摄看上去更专业。

## 295. 有效利用闪光灯的有效距离

当数码相机感应到拍摄环境的光线不足的时候,通常都会自动启动内置闪光灯加以辅助曝光。其实,数码相机闪光灯的闪光指数大都偏小,其有效距离一般不足 3 米,这样的话,闪光灯其实对拍摄效果没有太大帮助,因而在没有太大必要的情况下,关闭闪光灯会让相机更省电。

## 296. 耗电的功能尽量少用

数码相机的连拍以及摄像功能大都利用机身内置的缓存来暂时保存影像,如果这些缓存经常被使用的话,非常耗电,因此,尽量减少使用这些高耗电的功能,对节电会有很大帮助。

# 第二十八章　MP3

MP3 是一种能播放音乐文件的播放器，一般都是随身携带使用。如何延长使用时间，是广大消费者最为关心的问题。

## 297. 如何选购 MP3

在购买 MP3 时，不能只看品牌广告方面的知名度，关键要看这个品牌是否拥有自己的 MP3 生产工厂，这个生产厂是否规模大且设备先进，如果满足了这两条，那么这个品牌的 MP3 就可以放心购买了。

## 298. 选购 MP3 应注重质量和性能

目前数码产品市场中，MP3 种类众多，价格差异也很大，从一百多元到几千元不等。有不少消费者为了省钱，以为挑个凑合能用的就花小钱买一个，而且看保修说明上也是很长时间内有问题都可以返厂维修,只是你这时并不知道,以后你赔进去的时间和金钱成本可能比这个 MP3 的价钱还多。因此,注重产品本身的质量和性能是第一位的,不要贪小便宜吃大亏。

## 299. 不要倾心于彩屏 MP3 的视频播放功能

许多 MP3 现在都可以播放特定压缩格式的电影文件,可是由于 MP3 屏幕大小的限制,效果十分不尽如人意,而且如果是从 DVD 或 RMVB 格式转换压缩格式的视频文件,大部分情况下字幕也是无法显示的,同时 MP3 视频除了暂停功能外没有任何控制功能,在收看上十分受限。因此如果您只为了这项功能而多花了不少钱,却达不到满意的效果,还不如不要这块"鸡肋"。

## 300. 调整背光灯时间

背光时间定在 5 秒左右比较适合,如果光线好,可以直接设置成 OFF(关闭)。

## 301. 压缩率低耗电多

由于 MP3 的压缩率不同,播放不同 MP3 时,其耗电也不尽相同。压缩率较高的耗电较小,而压缩率较低的耗电较大。

## 302. 善用播放列表功能

把您喜欢的歌曲花几分钟做成列表,免去反复 next(下一首)的操作。

## 303. 锁定播放键防止误操作

MP3 放在背包中或枕边,因为不小心触动电源开关的事情时有发生,所以您在使用中要锁住 hold 键,防止误操作造成电量白白浪费。

## 304. EQ 模式也耗电

如果您不是偏好音效,就尽可能少用 EQ 模式,因为这会加重解码芯片的负担,从而增加能耗。

# 第二十九章 手 机

手机已成为现代人不可或缺的通讯娱乐工具，但是智能手机耗电量比较大，有的手机电池往往使用不到一天就没电了，给生活、工作带来不少麻烦。掌握一些手机节电技巧，有助于提高手机的续航能力。

## 305. 手机不应过度充电

有的人认为，手机电池在充电完毕后会自动停止吸收电量，这种想法其实是错误的！即使充电指示灯变绿提示我们充电完成，如果我们不将充电器与电源断开，都将会造成耗电。有细心的人曾经做过试验并且发现，如果手机开始充电到充电结束的时间为3小时，会消耗0.01度的电量，而充电完成后继续充电3小时，所消耗的电量也约为0.01度。更有人算了一笔账，据了解，目前我国大约有2亿部手机，如果每部手机都是每2天充电一次、每次在完成充电后又持续充电 9 小时,这样计算下来,每次的充电过程就会消耗大约 0.03 度电,如果除去每部手机正常充电的耗电量,这样一年下来,全国仅在手机充电上浪费掉的电能约为 7.3 亿度!

## 306. 手机电池的最佳充电法

镍铬电池,容量小,有记忆效应,需要先放电再充电,而且必须充满,否则对电池性能可能造成永久损坏。

镍氢电池,容量较大,没有记忆效应,可以随用随充,但是要求最初的 2~3 次充电要比正常充电使用时间长 1 倍以上,大部分要求充电 8~14 小时,以达到电池的最佳使用性能。

锂聚合物电池,容量大,没有记忆效应,可以随用随充,最初的充电和正常充电用时一样。

## 307. 正确为新手机电池充电

对于一块新的手机电池来说,开始几次的充电时间,一般都必须控制在 12 个小时以上;新电池在开始几次充电时,也必须确保电池电量完全释放。此外,在每次充电时,还要确保电池电量被充满后再进行使用,这样也能防止手机待机时间缩水。

## 308. 手机电池节约窍门

1. 手机电池在零下 10℃~50℃之间能正常工作,应尽量避免手机在温度高于 50℃ 或低于零下 10℃ 的环境下工作,否则使用时间和寿命会大大缩短。

2. 震动功能消耗的电池电量是相当大的,应该尽量少用此项功能。

3. 手机在默认状态下,会自动启动"夜光照明",平时白天可以关闭该功能。

4. 在网络信号不存在或极其微弱的地方使用手机时,也会大大消耗手机电池的电量。

5. 手机按键时的伴音,既妨碍别人又消耗电池电量,所以应尽量关闭按键伴音功能。

6. 使用来电转移功能,将来电自动转到固定电话上,也是省电的一种好方法。

## 309. 恶劣天气少使用手机

手机在工作过程中,是通过频率为 1800MHz 或 900MHz 的无线通信微波与手机通信基地台联系的,在下大雨、刮台风、打响雷这样的恶劣天气条件下,无线通信微波的传输质量将受到影响,此时要确保通信信号正常传输,手机只好通过加大功率的方法来保证信号的正确传送,而加大功率的直接后果是导致手机耗电量加大,这样手机的待机时间自然就要缩短了。

## 310. 密封环境下少打电话

在地下室或密封性比较好的室内环境中进行手机通信时,手机需要多花费一些功率来确保信号能正常穿透天花板、墙壁或其他遮挡物,多花费的功率就是以多耗电为代价的。

## 311. 长途旅行中少用手机

当你乘汽车或火车从一个地方驶向另一个地方时,如果使用手机,电池的耗费量会十分惊人。这是因为手机正在从一个网络节点移向另一个节点,在手机不断地搜索、连接到新地区的通信网络时,电池的电也在悄悄溜走,而如果这时使用手机,就更会雪上加霜。因此,在长途旅行中,应尽量少用手机。

## 312. 减少手机翻盖频率

这是针对折叠手机而言的,因为折叠手机反反复复打开关上翻盖,手机的耗电量会很大,因此,要尽量减少翻盖次数。用耳机接听电话不失为一个好方法。

## 313. 修改电话号码也费电

保存或删除电话号码的过程,就是不断擦除或写入芯片的过程,该过程消耗的电量与正常通信时所消耗的电量相当,为了避免手机频繁地读取或查找 SIM 卡中的信息,尽量不要在 SIM 卡中保存太多的信息,这样能加快手机读取速度,有效节约电能。

## 314. 合理设置呼叫转移

在不同情况下,我们可以通过设置呼叫转移,让我们的手机"省省心"。比如,在办公室或家里,我们可以暂时将手机关闭,而将手机呼叫转移到身边的座机上;如果在信息比较弱的地方,可以设置"出服务区时转移",这样手机不会因为试图与信息基台保持联系而消耗很多电量;还有遇忙转移、不应答时转移等等,我们都可以"因地制宜"地充分利用手机呼叫转移的功能。但在使用该功能前应先咨询网络服务商,需不需要额外的费用。

## 315. 安静场合用短铃

一般手机都具有长短两种电话铃声的功能设置。在安静的场所或干扰很小的环境使用手机时,选择较短的电话铃声设置,在电话打进来时既可以省电又可以减少手机铃声对他人的干扰。

## 316. 无关功能要少用

手机中的每一项功能,都是需要消耗电量的。为了省电,最好少用那些不太重要的功能,例如手机拍照功能、游戏功能、上网功能等。此外,按键音基本没有什么用处,如果没有特殊需要,也尽量不要设定。

## 317. 冬春最好用振动

冬春气温低的时候,人们往往穿得很厚实,如这个时候在户外活动携带手机,有电话打进来,铃声往往不容易被听见,这样的后果就是手机的铃声响得时间过长,并且手机的接通率也低,造成手机电池电量的白白消耗。所以,冷天带手机最好用振动功能。

## 318. 照明不用最省电

尽量在明亮或有光线的地方使用手机,并关闭液晶显示屏和按钮的照明功能,以便节省用电。而且在不用手机的时候,最好不要随意激活背景灯,因为背景灯需要的电量与手机通话时需要的电量几乎差不多。

## 319. 天线不要握手中

有些手机用户,通话时很容易就会把天线也握在了手中,这样会导致手机加大发射功率,从而费电。因此在通话时,要尽可能有意识地在天线周围留出2～3厘米的距离,以保证信号的传输畅通无阻,减少手机的耗电量。

## 320. 待机画面费电多

待机画面用 JPG 文件，不用 GIF 动画。现在的很多手机都可以用 GIF 动画作为待机画面，这样虽然看起来漂亮，但却会在不经意间浪费大量电能。

## 321. 定期做好手机保养

不少人都认为，手机保养不保养，与手机费不费电无关。其实，手机保养得好，可以确保电池和手机之间的金属触点能可靠接触；要是保养不好，那么金属触点可能会被氧化或被弄脏，这样手机和电池之间就会出现接触不良的现象，这会导致手机耗费更多电量。因此，应定期对手机和电池之间的金属触点进行清洁，以确保触点不被氧化或不被灰尘、污迹所覆盖。

# 第三十章 电 池

利用电池作为能量来源,可以得到具有稳定电压、稳定电流、长时间稳定供电而受外界影响很小的电流。而且,电池结构简单,携带方便,充放电操作简便易行,不受外界气候和温度的影响,性能稳定可靠。电池在现代社会生活中的各个方面都发挥着很大作用。

## 322. 电池可以循环使用

电池可以循环使用,比如数码相机需要比较充沛的电量,在相机中使用电力不足需要更换的电池,如果放到耗电量小的收音机、随身听里,还可以用很长一段时间。等到电池不能维持收音机的正常工作时,还可以把它放在闹钟、遥控器等不需要太多电量的电器里面,这样,两节电池就能在不同的电器里工作几个月,充分发挥作用。另外需要提醒大家的是,废旧电池用完不要随便丢弃,以免流出的腐蚀溶液污染环境。

## 323. 使用充电电池益处多

普通电池对环境污染很大,如果将电视、空调的遥控器,孩子的玩具,数码相机,随手携带的小型照明工具等的电池都换成充电电池,一方面可以节省能源,另一方面也可以减少一次性电池的使用数量,减少普通电池可能造成的污染。

## 324. 新旧电池切勿合用

如果把新旧电池接在一起用,旧电池内的电阻实际上就成了电路中的一个电器,会把电白白消耗掉,而且要消耗到新旧电池的电压相等时才停止,因此,新旧电池不能合在一起使用。

## 325. 如何保存干电池

家用干电池,如果暂时不用,保管不善就会出现漏电现象。如果能在电池的负极上涂一层薄薄的蜡烛油,然后置于干燥处,能够有效地防止漏电。

如果把干电池放在电冰箱里保存,可以防止电池跑电,延长其使用寿命。

手电筒不用时,可将后一节电池反转过来再放入手电筒内,能减慢电池自然放电,延长电池的使用时间,同时还可避免因遗忘导致电池放电完毕,电池变软,锈蚀手电筒内腔。

## 326. 电池能"再生"吗

有人认为电池用完后用手捏几下,还能再用;或者在电池待电能力弱时,用报纸包起来放在冰箱冷冻室里,三天后用起来跟新的一样。

其实,捏电池或把电池冻在冰箱里,这样再利用电池的办法并没有科学依据,电池不能再生,一定要慎用。

# 节 水 篇

在日常生活中,我们一拧水龙头,水就源源不断地流出来,可能丝毫也感觉不到水的危机。但事实上,我们赖以生存的水,正日益短缺,而许多人并没有意识到。目前,全世界包括我们中国都面临水资源匮乏问题,第47届联合国大会确定每年3月22日为世界节水日。

水是不可替代的宝贵资源,要从节约每一滴水开始,从每一个人、每一个家庭、每一个企业开始。请节约用水!

┌─────────────────────────────────┐
│ **第三十一章 装修也要讲究节水** │
└─────────────────────────────────┘

厨卫一般是用水"大户",是节水的关键之所在,家装时更要特别注意。

### 327. 厨卫装修时要考虑节水

家庭里应给男士安装男用小便器。现在居家住房卫生间都比较大,新型的男用小便器样式很多,不妨根据自己家卫生间的装修风格和档次进行选择。

男用小便器的优点是不但节水,而且还方便老人和儿童,再一个还可以防止坐便器污染,具有安全、卫生的效果。

在橱柜和浴柜的水龙头下面安装一个流量控制阀门。

目前,一般家庭厨房和卫生间水龙头都是扳把式的,往往难以控制流量,增加用水量,在橱柜和浴柜的水龙头下面安装流量控制阀门,可以根据住房的自来水压力合理控制水流,达到节约用水的

目的。

家庭里有条件的可安装浴缸与淋浴配套使用的设备。

传统的观念认为使用淋浴可以节水，但是在追求舒适、时尚、现代生活的今天，不妨可以安装新型用水量少和功能多的浴缸，女同志还可以享受桑拿和水果浴，与淋浴配合使用，可以做到一水多用，起到节水的效果，也可多方面享受现代生活的乐趣，提高生活质量。

## 328. 节水洁具好处多

卫生间与浴室的用水量往往占了家庭用水的一半以上，所以，在洁具上多动脑筋多想一些节水的方法就可以节省很多。抽水马桶浪费水的情况比较多，而抽水马桶水箱过大往往是造成大用水量的一个罪魁祸首。其实，很多抽水马桶的水箱设计都偏大，比如9升甚至9升以上，这样的马桶很浪费水，一般6升的马桶已经足够了，所以安装9升马桶的可以及时更换。另外，现在市场上还新出了一种有双键按钮的马桶，每个键分别控制3升和6升不同的出水量，需要少量水的时候按3升的键，而需要使用多一点水就按6升即可。

另外，现在家庭用在洗澡上的水也是非常可观。好在已经有商家推出了节水型浴缸。节水型浴缸主要依靠科学的设计来节约用水，它们往往设计得比普通浴缸要短，所以，在放同样水量的时候，就显得比传统浴缸要深，避免了空放水的现象，一般能比普通浴缸节水20%左右。

## 329. 蒸汽浴房经济实惠还时尚

市面上卖的蒸汽浴房大都是洗浴、冲浪浴、桑那、足底按摩等功能齐全，设备比较先进，但价位相对比较高，往往使人们望而却步，但它功能多，享受的内容也比较齐全，足不出户便可在家里洗浴、美容、护肤、健身依次完成，从长远角度看还是非常合算的，经济条件允许的家庭使用它还是能够充分享受它带来的实惠生活的。

女同志可以泡牛奶浴、花瓣浴,还可以焗头、洗浴、水果桑拿、足底按摩,享受从头到脚的温馨呵护。从另一个意义上讲,既节约了美容开支,也方便了生活,得到物质和精神上的双重享受。

## 330. 水龙头选购有窍门

好的水龙头使用寿命长,出现跑冒滴漏的几率也小,其节水性能也较高。

我们在选择时一要看外观。可在光线充足的情况下,将产品放在手里观察,龙头表面应接近镜面的效果且乌亮、无任何氧化斑点;近看无气孔、无起泡、无漏镀,色泽均匀;用手摸无毛刺、砂粒;用手指按一下龙头表面,指纹应很快散开。

二要看材质。好的水龙头的阀体、手柄全部采用黄铜制成,自重较沉,有凝重感。有些厂家选用锌合金或塑料代替以降低生产成本。在选购时可采用估重的方法进行鉴别。黄铜较重较硬,锌合金较轻较软,塑料最轻最软。

三要看密封性能。可转动水龙头的把手,看水龙头与开关之间有无间隙。

四要看阀芯。目前市场上的水龙头阀芯大都采用不锈钢阀和陶瓷阀,不锈钢阀芯水龙头最大的优点是对水质要求不高,且其阀芯可拆开清洗,缺点是起密封作用的橡胶圈易损耗,很快会老化。而陶瓷阀本身具有良好的密封性能,而且采用陶瓷阀芯的水龙头手感上更舒适、顺滑。

五要看标识。一般正规企业在水龙头的包装箱内应有产品的质量保证及售后服务卡。

以上五个方面,选购时一定要留意。

## *331.* 更换1/4转水龙头

我们可以将家用的全转式水龙头换装成 1/4 转水龙头,选择节水水龙头关键要看开关的速度,比起普通水龙头,行程短的控制开关自然就缩短了水流的时间,缩短水龙头开关的时间就能减少水的流失量。另外,在使用上也应注意,要随手关紧水龙头,不让水未经使用就流掉,水龙头上可加装有弹簧的止水阀。

## *332.* 更换柔化龙头或感应水龙头

目前市场上新型的节水水龙头产品应有尽有,有的水龙头通过增加水流中的空气含量和压力,使流出的水中含有大量气泡,也就是"柔化系统"。这种新型龙头的节水效果分为 10%、20%、30% 和 40%四种,但却不会损害水流的手感,而同时又能达到节水的目的。

在公共场所的洗手间等处常见的"感应水龙头"采用的则是"切割磁力线"的原理,感应有人来了就来水,没人了就自动停。它能最大限度地杜绝白流水的现象。但是,感应水龙头的价格一般偏贵,而且在长期使用后,感应的敏感度会有所降低,而且要比普通水龙头难维护一些,所以在购买的时候一定要多加比较。

## *333.* 冬季水管防冻裂

北方的冬季,水管容易冻裂,造成严重漏水,应特别注意预防和检查。比如雨季洪水冲刷掉的覆盖沙土,冬季之前要补填上,以防土层过浅冻坏水管;屋外的水龙头和水管要安装防冻设备(防冻栓、防冻木箱等);屋内有结冰的地方,也应当裹破麻袋片、缠绕草绳;有水管的屋要堵好门缝、窗户缝,注意屋内保温。需要注意的是,一旦水管冻结了,不要用火烤或开水烫(那样会使水管、水龙头因突然膨胀受到损害），应当用热毛巾裹住水龙头帮助化冻。

## 334. 厕所与冲凉房分开的节水妙招

　　为达到节水的目的，可将厕所与冲凉房（洗澡间）分开建，但须紧挨着，冲凉房与厕所之间有一定的落差，冲凉房的地势比厕所高，在冲凉房下建一个小蓄水池，小蓄水池与厕所的马桶处于同一水平线，小蓄水池与厕所之间用一条管连接并装有一个闸阀（装在厕所内）。这样的设计节水效果非常明显，冲凉时，冲凉房下的小蓄水池可以蓄水；上厕所后，打开闸阀，可以用小水池蓄的废水冲厕所，可谓一举两得。

# 第三十二章　养成节水好习惯

洗衣服时，提前把衣服浸泡在混有洗涤剂的水中，让洗涤剂适当溶解衣服上的污垢后再洗涤，可以减少洗涤次数和漂洗次数，减少耗水。用盆接水洗碗、洗菜，不要让水龙头长流。淘完米的水可以用来洗菜、洗水果，之后还可以用来浇花、冲厕所。马桶水箱中可以放一个装满水的矿泉水瓶，减少每次的冲水量。这些简单的习惯能节约不少水资源。

## 335. 节水尽在生活点滴

你是否会在未关闭水龙头的情况下，就开门迎客、接电话？是否会在洗手、洗脸、刷牙时，让水哗哗地流着？你知道这些不良习惯会造成多么惊人的浪费吗？据估算，一个家庭只要注意改掉这些不良习惯，养成良好的节水意识，就能节水30％左右。

所以，点滴节水，就要深入到生活中的点滴。比如：

定期检查抽水马桶、水池、水龙头和其他水管接头以及墙壁或地下管道是否有漏水的现象；

不要用抽水马桶冲掉烟头和细碎废物，应该直接丢到垃圾袋中；

不要在未关水龙头的情况下开门迎接客人、接电话、调节电视机频道；

停水期间，要记住关闭水龙头；

洗土豆、胡萝卜等蔬菜时应先削皮后清洗；

洗手、洗脸、刷牙时，要及时关掉水龙头，不要让水一直流着。

千万别小看这些日常生活中的琐碎细节，养成好习惯，一个月节省下来的水就会相当可观。

## 336. 一水多用有妙招

家中应预备一个收集废水的大桶。洗脸水用后可以洗脚，然后冲厕所，这是一个传统古老却依然行之有效的节水方式。

淘过米的水，人们通常都会随手倒掉，其实我们可以把它集中起来用来洗菜、洗碗，淘米水有去污、解毒的功能，用来洗碗筷十分有效，而且将蔬菜、瓜果之类的食品放在淘米水中浸泡几分钟，可有效消毒，对人体健康非带有益。还可以用于擦洗地板、冲洗拖把，最后可将多次使用的废水集中起来冲洗马桶。

洗衣水含有去污成分，可用于卫生间、厨房等处地砖的清洁，最后同样可以存入水桶中用来冲洗马桶。

将喝剩的茶用于擦洗门窗和家具，环保卫生而且效果非常好。

用鱼缸换出来的水浇花，营养丰富更能促进花木生长。

一水多用说起来容易做起来麻烦，但节水效果明显。据测算，将洗衣、洗澡、洗漱等生活废水收集起来，用做冲厕、拖地等，一个三口之家每月可节水 1 吨左右。

## 337. 淘米水的十大妙用

1. 淘米水中含有大量淀粉、维他命、蛋白质等营养成分,可作为花木的一种营养来源,用来浇花木。

2. 用淘米水洗手可以去污,洗碗筷更干净,洗菜有利于去除蔬菜表面的农药。淘米水去污、解毒的效果很好,如将蔬菜、瓜果放在淘米水中浸泡几分钟,可大部分或全部去除毒性,有益健康。

3. 脏衣服在淘米水中浸泡10分钟后,再用肥皂洗,用清水漂净,能使衣服更干净,特别是白色的衣服会更加洁白如新。

4. 毛巾如果沾上了水果汁、汗渍等会有异味,并且会变硬,如果把毛巾浸泡在淘米水中蒸煮十几分钟,便会变得又白软、又干净。

5. 从市面上买回的肉,有时会沾上灰土等脏物,如果用热淘米水洗两遍,再用清水洗一遍,脏物就被清洗干净了;同样,用淘米水清洗猪肚、猪肠,效果也很好。

6. 砧板用久了,会产生一股腥臭味,可将砧板放入淘米水中浸泡一段时间,再用一点盐来洗擦,然后用热水冲净,这样腥臭味就可以消除了。

7. 新砂锅在使用前,先用淘米水洗刷几遍,再放入米汤在火上烧半小时,这样处理之后的砂锅就不会漏水了。

8. 用淘米水泡干笋、海带、墨鱼等产品,既易泡涨、洗净,又易煮熟、煮透。

9. 菜刀、锅铲、铁勺等铁制炊具,在使用后,放到比较浓的淘米水中浸一会儿,可以防止生锈。

10. 把淘米水倒入装过油的瓶子内,用手按住瓶口用力摇动便可去掉油污;已生了锈的炊具,放入淘米水中,泡3~5小时,取出擦干,就能将上面的锈迹除去。

## 338. 家庭废水浇花更美

1. 前面已经介绍过,用淘米水浇花,可以使花卉更茂盛。

2. 洗牛奶袋和洗鱼肉的水,含有很高的营养成分,能使花木叶茂花繁。

3. 煮蛋的水含有丰富的矿物质,冷却后用来浇花,不仅使花木长势旺盛,花色更艳丽,还能使花期延长。

4. 煮面、肉剩下的汤加水稀释后用来浇花,可以增加肥力,使花朵开得肥硕鲜艳。

5. 养鱼缸中换出的废水,含有剩余的饲料,如果用它浇花,可增加土壤养分。

## 339. 收集废水冲马桶

现在家庭用水中一般炊事用水占 1/4,洗漱用水占 1/4,洗衣用水占 1/4,冲厕用水占 1/4,如果前三项的废水都能攒起来用来冲厕,那么家里就会减少 1/4 的用水。

家中可预备一个收集废水的大桶,将洗脸、洗衣、洗菜后的废水收集在一起,可以用来涮拖布拖地,然后再用来冲洗马桶,这样可以一水多用,节约用水。

## 340. 洗衣水的再利用

现在,不少家庭都用全自动洗衣机来洗衣,一般是清洗一遍,然后漂洗两遍。由于每次都是甩干后再漂洗,所以等第二遍漂洗时,洗衣机放出的水几乎是干净的。因此我们可以在洗衣机第二次漂洗时,用盆接在出水口,用这些水来拖地效果十分好,因为洗衣后的水呈碱性,去污力很强,比普通自来水拖地要干净;同样的道理,用这种水冲洗马桶也很干净。

## 341. 洗澡水巧收集

淋浴时，在脚下放置一个盆接淋浴水。注意盆要大，因为水量很多。如能站在浴缸里洗，收集效果会更好。同时在地上放几条旧毛巾或抹布，用来吸收没被桶接到而流到地上的水。洗完澡之后记得赶快把毛巾拿起来拧干，这样还可以多收集到小半桶水。

## 342. 用桶涮拖布省水

很多人开着水龙头涮拖布，认为这样洗得干净，这样的确洗得干净，但水的浪费量很大。不妨试试改用桶接水来涮洗拖布，洗过拖布的水还可以冲马桶，实在是一举两得。最好买一个有拧拖布功能的桶，这样既能省水，也免去了用手拧拖布的麻烦，这样的桶一般在各大超市都有销售。

## 343. 空调冷凝水不可白流

炎热的盛夏，家家的空调都日以继夜地转着，但是空调冷凝水"滴滴哒哒"的声音却给用户添了不少麻烦，不仅影响邻居休息，而且流得到处都是，也不利于环保。据统计，一匹空调在常温制冷或除湿工作时，每两小时可排出冷凝水1升。现在我们想个办法，如在空调排水管下装一个可乐瓶，装满后再盛入容器内，也可以把排水管引到屋内，下面接一个盛水的空桶，积少成多，不但可以用来冲马桶、洗拖布，用来养鱼、浇花的效果更好。空调冷凝水的 pH 值为中性，十分适合养花、养鱼，用于盆景养植还不易出碱。这真是一举多得的好办法！

## 344. 家庭自检有无漏水的办法

首先关闭家中所有水龙头开关。然后打开水表盖,察看水表中红色三角指针。在没有用水情况下,水表指针一直转动,即表示有某处用水设备在漏水。

# 第三十三章 厨 房

厨房是家庭中的用水"大户"。下面介绍一些技巧,让大家既能享受清洁健康的生活,又能节约用水,利国利民。

## 345. 厨房节水细节

(1)尽量缩短水龙头开关的时间,最好将全转式水龙头换成1/4转水龙头,控制水流量。

(2)碗筷、蔬菜等要放在盆槽内洗,不要直接对着水龙头冲洗,从而增加水流量。

(3)洗米水、煮面水可用来洗碗筷,而洗菜水则可用来浇花、拖地板。

(4)可先用餐巾纸将油腻的锅碗残油擦掉后,再用清水来洗。

(5)有些人解冻食物喜欢用水来冲,其实提早将食物由冰箱冷冻室中取出,放置于冷藏室内化冰,这样就不会浪费水了。

## 346. 如此洗菜更省水

青菜等应先去掉菜上的根及烂叶,抖去菜上的浮土再清洗;土豆、胡萝卜等应先削皮,然后再清洗,这样可以减少清洗的次数,也能节水。

用洗涤灵清洗瓜果蔬菜,需用清水冲洗几次,才敢放心吃。而将蔬菜、瓜果放在淘米水或盐水中浸泡几分钟,再用清水冲洗一遍就可以了。这样做既节约水,又能有效清除蔬菜上的残存农药,有益健康。

在洗蔬菜时先将菜泡在清水槽中洗干净,再放入冲洗池中用水冲洗一遍,一般用水 10 升左右。冲洗时应控制水龙头流量,不间断冲洗应改为间断冲洗。

## 347. 怎样炒菜能省水

每炒完一道菜都免不了要洗锅,无形中要消耗不少水。其实只要将做菜的先后顺序调整一下就可以了。比如说先做红烧肉,然后在锅里直接加水烧开煮凉拌菜,不仅味道好,锅也间接洗干净了,可以直接炒下一道菜。

## 348. 焯青菜水用来刷碗好

在烹调过程中,烫完青菜的水也可拿来清洗油腻的碗筷,不仅能减少洗涤灵的用量,而且去除油腻的功效非常好。

## 349. 用盐浸法洗瓜果更干净

我们一般习惯用洗涤剂来清洗水果和蔬菜,用这样的方法洗一遍来去除残留农药,却往往还得再洗几遍来去除残留的洗涤剂,几遍水冲完之后才敢放心吃。其实可以改用盐水浸泡消毒来清洗瓜果,泡上 20 分钟,再冲洗一遍,不仅省水而且吃得干净放心。

## 350. 洗碗多个比单个洗更省水

现在一般家庭里使用的洗菜池大都有塞子,把塞子堵在下水口,放水先用洗涤剂一次性依次把要洗的碗筷清洗一遍,然后再一起用水冲洗。这样既避免了单个洗碗时重复使用洗涤剂的麻烦,又不必先冲冲手再冲碗,无形之中节约了用水。

## 351. 收拾碗盘不叠放

收拾餐桌时,碗盘尽量不要叠放,以减少盘底油腻,节省冲洗时的用水量。

## 352. 餐具先擦后洗最省水

有些餐具油污很多,最好先用废纸或果皮把餐具上的油污擦去,然后用热水冲一遍,这样油污很容易就可以清洗掉,最后再用温水或冷水冲洗干净即可。另外,餐具最好放到盆里洗,一般用 2～3 盆水(相当于 10 升左右),不要直接用水龙头冲洗,用水龙头冲洗一般需要 5 分钟左右,而一般流量的水龙头出水为 100 毫升/秒,5 分钟需用水 30 升左右。

## 353. 洗碗少用洗涤剂

用煮面条水、食用碱水等来洗碗筷,既去油污,又不用多次冲洗,可节省生活用水及减少洗涤剂的污染。

163

## 354. 烧水时间不宜过长

烧开水时间并不是越长越好。由于水烧开后,水蒸气大量蒸发,既费水又费气,而且反复煮沸的水中所含的钙、镁、氯、重金属等成分都有不同程度的增高,会对人的肾脏产生不良影响。

## 355. 废纸代替垃圾盘

平时应注意收集用过的稿纸、广告纸等废纸,吃饭时可当作垃圾盘,每个人撕一张垫着,这样就不用清洗垃圾盘了。

# 第三十四章 卫生间

卫生间也是家中最常用的一个地方,在这个空间中,也消耗着大量的水资源。精心对待卫生间,就是在维护人体健康的同时尽量减少水的浪费。

## 356. 节水马桶巧选择

目前,国内市场上坐便器的平均冲水量在 9～15 升之间,选择带有两个按钮,每次冲水在 3～6 升之间的二段式冲水马桶更为节水。

在选购马桶时,尽量选择能够形成漩涡状水流的,利用水漩涡的原理,能够在水量比较小的情况下迅速将污物排出。

马桶或洗手盆釉面的质量会影响到用水量,釉面细腻平滑,釉色均匀一致,吸水率小的产品,冲洗时可以省水,一次就能冲洗干净。我们可以通过实验验证,例如在釉面滴上红色液体数滴,数秒钟后用湿布擦干,釉面无斑点的为佳。

## 357. 更新马桶更省水

卫生间与浴室的用水量往往占了家庭用水的一半以上,所以,在洁具上多动脑筋多想一些节水的方法就可以节省很多。抽水马桶浪费水的情况比较多,而抽水马桶水箱过大往往是造成大用水量的一个罪魁祸首。

其实,很多抽水马桶的水箱设计都偏大,比如9升甚至9升以上,这样的马桶很浪费水,一般6升的马桶已经足够了,所以家庭应选用冲水量或者水箱容量小于6升的节水型坐便器,来替换容量为9升的老式坐便器,或采用节水配件改造;安装分式按钮的冲水马桶,按大、小便分别用大、小流量来冲洗厕所,也可节约不少水。

## 358. 双键马桶究竟能省多少水

现在市场上的马桶,双键控制的马桶占了主流。那么,通过双键控制水量可以节约多少水呢?

以每个家庭3口人计算,每人每天冲水4次(1次大便3次小便),以9升马桶为例,每月用水约为3240升;如果用3升或6升的双键式抽水马桶,每月用水约为1350升,这样就能节省1890升自来水,接近两吨,而且还能减少同量的污水排放。

如果家里正在使用9升的马桶,可以在马桶的水箱里放两块砖头或者装满水的塑料可乐瓶。我们再来简单的计算一下,在同样的条件下,每人每天冲水4次,按照一块砖头为1.2升(5厘米×10厘米×24厘米),每月可以节约用水288升。如果改成可乐瓶,每月能节约多少水呢?你可以自己算一算,做到心中有数。

## 359. 马桶水箱偏大怎样省水

现在抽水马桶的水箱容量一般都偏大,冲一次水完全不必用完一整箱水。可以在抽水马桶的水箱中放入几块砖头,但有的水箱是挂在墙壁上的,不宜在其中多放重物。可将装满水的塑料可乐瓶固定在水箱内,几乎不增加水箱的重量,也能达到节水的目的。但注意要固定好,以免塑料瓶四处流动干扰其他水箱机械部件的运作,而且放置多大容量的塑料瓶以不影响冲净马桶为原则。但是,这样做有时会阻碍实物冲净、冲远,或导致水管堵塞,产生安全隐患。尤其6升以下的马桶,就没有必要安放这些东西。

此外,若觉得马桶的水箱过大,可在水箱底部塞子的横轴上拴根塑料绳。塑料绳的位置最好固定在横轴靠近塞子那端的 1/3 处,这样就可将马桶冲水塞上提的角度控制在 45 度左右,可缩短塞子的闭合时间,经过如此改装后的抽水马桶,用水量仅是原来用水量的一半。

## 360. 水箱漏水巧检测

我们可以在没人使用马桶的时候,在马桶的水箱中滴入几滴食用色素或墨汁,等 20 分钟左右,如果发现有颜色的水流入马桶,就表示水箱在漏水。

水箱漏水的情况一般分为两种:一种是进水口止水橡胶不严,导致灌水不止,水满以后就从溢流孔流走;另一种是出水口止水橡胶不严,导致水不停地流走,进水管不停地进水。水管或马桶若持续漏水,则一天可能浪费数十升至数百升的水,常年累月,所浪费的水量和金钱更是惊人。如果暂时无法修护破损处,则可将水箱进水阀门关闭,使用时再开,以防一直漏水。

## 361. 抽水马桶漏水巧处理

抽水马桶漏水的常见原因是由于封盖泄水口的半球形橡胶盖较轻,只能在放完全部水后才能盖上,往往会因水箱泄水后因重力不够,落下时不够严密而漏水,需反复多次才能盖严。我们可在连接橡胶盖的连杆上捆绑少许重物,如大螺母、牙膏皮等,注意捆绑物要尽量靠近橡胶盖,这样橡胶盖就成为了可克服水浮力的重力塞,比较容易盖严泄水口,漏水问题就随之解决了。

此外,马桶水箱漏水的另一个原因,就是把手连接皮碗用的铜丝经常卡住,使皮碗掉不下去,皮碗下不去就不能完全堵死下水管,而导致漏水。可用塑料带搓成塑料细绳,把塑料绳穿过皮碗上的铁环,连在把手摇臂上即可。塑料绳既结实又不怕水泡,可半年更换一次。但要注意塑料绳长短要合适,太长也容易挂在某处而导致漏水。

## 362. 调整水箱浮球可节水

为了更好地节水,可将卫生间里现有的普通型马桶加装两段式冲水配件。未采用节水配件的普通马桶,可将浮球杆向下弯15度左右,也可将水箱内的浮球向下调整两厘米左右,可减少水箱的储水量,进而减少每次冲水量。这样每次冲洗马桶就可节水近3升;按每天使用4次计算,一年下来即可节约用水4380升。

## 363. 马桶不是垃圾桶

不要把烟灰、剩饭、废纸等扔进或倒进抽水马桶,因为这些杂物极不容易被水冲掉,往往要冲洗多次,这样就会白白浪费许多水。应将其倒进垃圾桶内统一处理。

# 第三十五章　浴　室

　　浴室是专供人们洗漱、洗澡的房间。如果洗漱、洗澡方法不当,往往既浪费水又对身体无益。

## 364. 重新采用盆洗方式

　　用水习惯往往和用水器具有很大关系。由于使用自来水,目前有很多城市家庭,渐渐离开了盆洗的方式,采用直接在水龙头下接水洗漱的方式。这样做虽然很方便,但是非常浪费水。举例说明:如果用脸盆洗脸,需要 2 升左右的水,但如果直接在水龙头下接水,假设流水的时间为 2 分钟,则需要 10 升左右的水。所以应该让脸盆重新发挥作用。

## 365. 用杯子接水刷牙

　　刷牙也应习惯用口杯接水,许多人习惯边放自来水,边刷牙,这样不间断放水 30 秒,用水量约 3 升;而用口杯接水,3 口杯足以应对一次刷牙,用水量仅 0.6 升。

## 366. 刮脸别用流动水

刮脸时开着水龙头清洗刀片用水量是 5～10 升,如果用水池里事先蓄好的水,用水量为 1～2 升。

## 367. 用淘米水洗脸既美容又不浪费

每天淘米的时候,留下第一遍和第二遍的淘米水,让它慢慢澄清,再取上面的部分清水用来洗脸,长期坚持,肤色可以变得洁白细腻。这种淘米水更适合油性皮肤的人来使用,用它洗脸之后,面部皮肤不会过分光亮,可以调节脸部的油脂分泌。这样既可以美容又能达到节约的目的,真是一举两得。不过要注意的是,用淘米水洗过脸之后,要用少量清水将脸冲洗干净。

## 368. 水压高如何节水

有许多小区的水压较高,即使在洗手时也能看到水表在飞速转动,如果是这样,可以采用调整自来水阀门的办法来控制水压,这样一年也能节约很多的水。

## 369. 室内地下水管应定期查看

地下水管使用年限过长,往往会因锈蚀而发生漏水;最简单直接的办法就是定期查看水表,在关闭所有用水设备时,看水表中的红针是否仍在走动,如走动则说明有漏水现象。通过单位时间内走动的吨数,可大致求出漏水点和漏水量的大小。

## 370. 水龙头要及时查

晚上临睡前或出门前一定要检查一下水龙头是否关严,严防跑冒滴漏。

停水期间若忘关水龙头外出,来水时水流没人管,会浪费大量的水,甚至可能还会造成更为严重的损失。

## 371. 滴漏水龙头及时修

滴漏的水龙头每天可耗水 70 升。如果是连续成线的小水流,每天可耗水 340 升。水龙头如有漏水现象,在不能及时买到新的橡皮垫圈的情况下,可临时找一个装青霉素的小药瓶,将其上方的橡胶盖剪一个与原来一样的垫圈放进去,可以保证滴水不漏。

## 372. 软管越短越省水

淋浴喷头与加热器的连接软管越长,打开后流出的冷水就会越多,通常这些清水都会被放掉而造成浪费,所以软管应尽量短,如受条件限制必须加长,可在打开喷头前在下面放一个干净的容器,专门接这些清水,可以用来洗脸洗手,或冲马桶。

## 373. 使用节水型浴缸

如果十分喜欢盆浴,浴缸里的水注意不要放得太满。一般有 1/3～1/4 就足够用了。还可以使用节水型浴缸,因为它不仅容积小还可使用循环水。

节水型浴缸主要依靠科学的设计来节约用水,它们往往设计得比普通浴缸要短,所以,在放同样水量的时候,就显得比传统浴缸要

171

深,避免了空放水的现象,一般能比普通浴缸节水 20％左右。

## 374. 充分利用浴前冷水也能省不少钱

在用热水洗浴前要流失不少干净冷水,这样可就太浪费了,您不妨在洗澡前先预备个水桶接冷水,待热水过来后再开始洗浴。别小看这桶冷水,用它能干不少活。

## 375. 洗澡最好用淋浴

家庭洗澡最好由盆浴改为淋浴,淋浴 5 分钟用水仅是盆浴的 1/4,既方便又卫生更节水;在洗澡之前,最好掌握好冷热水之间的比例,不要等开完喷头才开始调节水温,让水白白流失。不要长时间冲淋,喷头可安装节水型的那种。

如果配合使用低流量莲蓬头,节水效果会更好;另外多人洗澡时,最好一个接一个不要间断,可节省等待热水流出前的冷水流失量。

## 376. 洗澡时不要始终开着喷头

洗澡时,应避免过长时间冲淋,搓洗时应及时关水;不要单独洗头、洗上身、洗下身或脚;淋浴时间以不超过 15 分钟为宜(每超过 5 分钟会流失 13～32 升的水)。所以洗澡要抓紧时间,先淋湿全身随即关闭喷头,用肥皂或浴液搓洗,一次冲洗干净。另外,洗澡时间长了,因人体皮肤、肌肉过度松弛而引起疲倦、乏力,吸入由热水中挥发出来的有机氯化物也多,而三氯甲烷等有机氯化物对人体相当有害。

### 377. 洗澡时不要洗衣服

最好不要在洗澡时顺便洗衣服、鞋子。因为用洗澡时流动的水洗这些东西，会比平时用盆洗浪费 3～4 倍的水。

### 378. 用洗澡水擦凉席不易坏

将洗澡冲下的肥皂水和洗发水等含化学物质的水收集起来，可用来拖地；将洗澡最后冲洗的清水用来擦拭家具和凉席。因为凉席大多是竹席或草席，如果直接用冷水洗抹布后擦，会让竹子变脆，容易折断，如果用过热的水洗抹布擦拭，则容易烫坏竹子。洗澡水温度适中，擦洗凉席是最合适不过的了，洗剩下的水还可以用来冲马桶。

### 379. 洗澡切勿太频繁

过于频繁地洗澡不仅浪费水，对皮肤的健康也没有好处，尤其是在干燥的秋冬季节。因为沐浴液除去皮肤上的油脂和皮屑的同时，还会洗掉身体上保护皮肤的皮脂，这样皮肤就会感到干燥紧绷。如果洗澡频繁，感觉会更加明显。所以每星期洗澡以 1～2 次最为适宜。

# 第三十六章　衣物洗涤

洗衣服是每个家庭都几乎天天要做的事情,也是一项比较耗水的家务活动。如何洗衣服,才能做到既干净卫生又节约用水呢?

## 380. 节水洗衣机巧选择

洗衣机可以说是家里的用水大户,衣服天天换,日日洗,如果细细算来,每月洗衣用的水钱也可以买不少衣服了。所以选用一台高效节能的洗衣机,无论对于物质享受还是精神享受而言,都是极为明智之举。

目前,洗衣机主要有四种类型:波轮式、滚筒式、搅拌式和双动力洗衣机。它们之间有的耗电量大,但耗水量却小,比如滚筒式洗衣机;而有的耗电量小但耗水量却大,比如搅拌式与波轮式洗衣机。最好购买脱水转速高的洗衣机,以一个洗涤容量为 5 千克的滚筒式洗衣机为例,转速为 1200 转/分钟的洗衣机比转速为 1000 转/分钟的洗衣机要少用 8 升的水。另外,还应选择具有自动调节水量功能的洗衣机。

## 381. 选洗衣机要看洗净度

购买洗衣机时应当首先关注：节水率、洗净比、健康性等重要因素，从而确保购买到满意的洗衣机。很多消费者在购买洗衣机时只考虑耗水量，以为洗衣机用水越少越好，而忽视了洗净度。专家提醒消费者应科学认识洗衣机的节水功能，洗衣机用水并非越少越好，一味注重用水量少而不考虑洗涤效果，洗涤质量将会受影响。

由于洗衣机洗涤只有 1 次，而漂洗有 3 次，因此减少漂洗用水是许多洗衣机厂家惯用的节水招数，还有些节水型洗衣机以牺牲制造成本、使用成本和增加用电量为代价来实现节水的目的。所以有的洗衣机虽然能节水，但最基本的功能——洗净衣物却不能保证，只有洗净度与耗水量之间的配比设计达到最佳值才是真正的节水。国家规定只有洗净比、含水率、用电量、用水量、噪声和无故障运行六项指标都达到标准，才是真正达标的洗衣机。

## 382. 选择不锈钢滚筒式洗衣机

不锈钢滚筒洗衣机美观耐用，不会生锈，对衣物没有损害；而镀锌板或其他材质的滚筒式洗衣机虽然价格较低，但时间长了会生锈，缩短使用寿命，所以不锈钢滚筒是最佳选择。

## 383. 选购洗衣机要注意密封性

门的开关是否耐用和密封胶圈的质量如何，与密闭性能关系较大，而密闭性能好则有利于缩短洗衣时间。因此在选购中要注意门的关闭是否紧密，密封胶圈是否平整、是否太软或太硬、有无龟裂痕迹或发黏感，耐热性能如何等。另外，机体表面光洁度、各功能键灵敏程度、各部位连接是否坚固都应在考虑范围内。

## 384. 建议使用半自动洗衣机

要想真正省水，就应选购一台半自动洗衣机，这种洗衣机只有洗涤和甩干的功能，中间漂洗的过程可由手工来完成，虽然辛苦了一些，但是省水效果极为惊人：全自动洗衣机采用洗涤一次，漂洗两次的标准，至少使用 110 升水；而半自动洗衣机每次容量大约 9 升，一缸水能洗几批衣物，即使再重新注水 1 次，漂洗 3 次，也只不过用 40 多升水。而且这样还可以有充裕的时间把漂洗衣服的水收集起来。

## 385. 小件衣物用手洗

使用洗衣机洗衣物，既省力又方便，但是用水要比用手洗多耗费 60％。如果想尽量节约用水，除被子、床单等大件用洗衣机洗以外，少量的小件衣物可以用手洗，特别是要坚持先甩净泡沫后漂洗，这样漂洗两遍衣物也就干净了。另外还应坚持用盆接水洗衣服，这样不仅可以节省洗衣用水，还利于洗衣水的循环利用。

## 386. 手洗机洗相互配合

小件、小量衣物提倡手洗，可节约大量的水。平时家中用洗衣机洗衣服时，可以将丝绸、毛料等高档衣料选择弱洗（轻柔）；棉布、混纺、化纤、涤纶等衣料选择中洗（标准）；厚绒毯、沙发布等织物选择强洗。

## 387. 大小洗衣机混用可节水

我们生活中大都使用功能比较齐全的大桶带甩干功能的洗衣

机,它虽然好用,但太浪费水了,洗一桶衣物就要用掉大约 100 升水,而超市里卖的超小洗衣机虽功能不全,但非常省水,一桶只消耗 10 升水左右,而且价格相对便宜,你不妨也备一台。在洗很多衣物的时候,可以大小桶洗衣机混用,先挑浅颜色的后挑深颜色的衣物,分批在小桶里洗涤后,将衣物放在大洗衣机甩干,然后放在盆里,接着再在小桶里逐一漂洗后放在大桶洗衣机甩干,洗涤过程中可稍微加些洗衣粉,这样大小桶混用,取长补短,可省电、省水、省洗衣粉和洗衣时间。

## 388. 洗前估计好额定容量

洗衣机一般都有额定的洗涤容量,因此洗衣服时一定要按照额定的容量洗涤。如果洗涤的衣物过少,电能就会被白白耗费;而如果衣物洗得太多,不仅会增加洗涤的时间,而且会造成电机超负荷运转,增加了电耗,又容易使电机损坏。因此洗之前应该对要洗衣服的多少估计清楚,安排妥当。

## 389. 集中洗涤可省水

衣服太少不要洗,等多了以后集中起来洗,也是省水的好办法。即一桶水连续洗几批衣物,洗衣粉可适当增添,等全部洗完后再逐一漂洗,这样可以省电省水。也可以将漂洗的水留下来做下一批衣服的洗涤用水,这样一次可以省下 30~40 升清水。

## 390. 洗衣机提前接好水,洗得更干净

如果您是有计划地在休息日要大洗一通,建议您可以提前一天在洗衣机里把水接好,这样室温会慢慢地把水加热,洗起来不仅不会刺激手,也避免了直接用冰凉的自来水洗衣粉不充分溶解的问题,可

使衣物洗得更干净。另外也可以在洗衣前,先用温水把洗衣粉充分溶化开,再倒进洗衣机,把洗衣粉水搅匀,再放入衣物,让洗衣粉充分发挥作用。

## 391. 水位不要定太高

洗衣机洗少量衣服时,水位定得太高,衣服在水里飘来飘去,互相之间缺少摩擦,反而洗不干净,还浪费水。目前,在洗衣机的过程控制上,洗衣机厂商开发出了更多水位段洗衣机,将水位段细化,洗涤启动水位也降低了1/2;洗涤功能可设定一清、二清或三清功能,我们可根据衣物的种类、质地和重量设定水位,按脏污程度设定洗涤时间和漂洗次数,从而达到节水的目的。每次漂洗水量也是宜少不宜多,不用每次都满桶,以基本淹没衣服为准。水量太多,会增加波盘的水压,加重电机的负担,不但使用水量增大,而且增加电耗;水量太少,又会影响洗涤时衣服的上下翻动,影响衣物洗涤的效果,增加洗涤时间,使电耗增加。

## 392. 先泡后洗减少水耗

洗涤前,先将衣物在洗衣粉溶液中浸泡15～20分钟,洗涤用水温度控制在40℃左右,让洗涤剂对衣服上的关键部位,如袖口、领子等处的污垢脏物起作用后再洗涤。这样,可使洗衣机的运转时间缩短一半左右,电耗也就相应减少了。

## 393. 根据颜色分类洗

在浸泡、洗涤、漂洗时,要将不同颜色的衣服分开洗,先洗浅颜色的,再洗深颜色的,全部洗完后再逐一漂洗。这样不仅洗得干净,而且可避免深色衣物染花浅色衣物,还可根据脏污的程度选择洗涤时间,比混在一起洗可缩短 1/3 的时间,可以达到节电效果。

## 394. 分清薄厚再洗衣

洗衣应先薄后厚。一般质地薄软的化纤、丝绸织物,四五分钟就可以洗干净,而质地较厚的棉、毛织品要十来分钟才能洗净。厚薄分别洗,比混在一起洗能有效地缩短洗衣机的运转时间。

## 395. "强洗"比"弱洗"省电

一般的洗衣机都分有强洗和弱洗功能,很多人可能不会注意到哪样洗更省电,甚至误认为弱洗更省电。实际上在同样长的洗涤周期内,强洗比弱洗要省电,还可延长洗衣机寿命。因为弱洗与强洗相比,改变叶轮旋转方向的次数要多,开停机次数多,而电机重新启动的电流是额定电流的 5～7 倍,所以"弱洗"反而费电。但不应因强洗省电就只选择强洗,选用哪种功能应根据织物的种类、清洁的程度决定,才能达到省电节水的目的。

## 396. 洗衣时间如何确定

洗衣机的耗电量取决于电动机的额定功率和使用时间的长短。电动机的功率是固定的,所以适当地减少洗涤时间,就能节约用电。应根据衣物的数量和脏污的程度来确定洗衣的时间。一般合成纤维、毛织品等精细衣物的时间为 3～4 分钟;棉麻等粗厚织物的时间为 5～8 分钟;极脏的衣物为 10～12 分钟。缩短洗衣时间不仅可以节省电,也可以将洗涤不当给衣物带来的损伤降至最低,同时还可延长洗衣机的寿命。

## 397. 先清洗好较脏部位

对衣服较脏的部位,应用衣领净、肥皂等进行预先处理,这样就能保证以后的洗涤具有同样的洗净度;对第一次加肥皂粉洗涤的水量加以控制,只要能使衣服在洗衣机内正常翻动即可得到较好的洗涤效果;选择每次洗涤后有脱水的程序,将衣服中的残留成分尽量排除;根据不同的衣物选择不同的洗衣程序,在夏天应尽量选用节能程序(简易程序)进行洗衣,这样可以节约1/3的水。

## 398. 洗衣粉投放要适量

有些人觉得洗衣粉放得越多衣服洗得越干净,但这样做就增加了漂洗衣物的次数,要费很多水。实际上根据衣物的大小、数量及脏污的程度,投放适量的洗衣粉同样可以把衣物洗干净。洗衣粉的投放量(即洗衣机在恰当水位时水含洗衣粉的浓度)是否适当是漂洗过程的关键,也是节水、节电的关键所在,如果掌握不好,漂洗费时、费水、费电,也浪费洗衣粉。我们假设以额定洗衣量2千克的洗衣机为例,用低水位、低泡型洗衣粉,洗少量衣服时,洗衣粉的用量大约40克,高水位时约50克。也有人测量过,如按用水量计算,最佳的洗涤浓度应该是0.1%~0.3%,这样浓度的溶液表面活性最大,去污效果较佳,如果再能辅以恰当的水温调节,洗衣洁净度更会提高,也能节省水、电。

## 399. 使用低泡洗衣粉可节水节电

使用适量优质低泡洗衣粉,可减少漂洗次数。洗衣粉的出泡多少与洗净能力之间无必然联系。优质低泡洗衣粉有极高的去污能力,一般可比高泡洗衣粉少漂洗1~2次,既省水又省电。如果清洗夏天的衣服,或是衣物并不很脏的时候,还应当适量少放洗涤剂,也可以减少漂洗次数,以保证衣物不受更大磨损。

## 400. 漂洗前先脱水

用洗衣机洗涤时,每次漂洗前先将衣物在甩干桶中进行甩干,挤出脏水,然后再用净水漂洗。这样就可减少漂洗次数、缩短漂洗时间,又使衣物洗得干净,从而达到节水节电的目的。还可使你远离洗衣粉残留的危害。

## 401. 脱水时间多久适宜

各类衣物在转速 1680 转/分情况下脱水 1 分钟,脱水率就可达 55%,再延长时间脱水率也提高很少,故洗后脱水 1 分多钟就可以了,一般不要超过 3 分钟。

## 402. 循环利用洗衣水

现在,不少家庭都用全自动洗衣机来洗衣,一般是清洗一遍,然后漂洗两遍。由于每次都是甩干后再漂洗,所以等第二遍漂洗时,洗衣机放出的水几乎是干净的。因此我们可以在洗衣机第二次漂洗时,用盆接出出水口,做下一批衣服的洗涤水用,一次可以省下 30～40 升清水。然后再用这些水来拖地,效果非常好,因为洗衣后的水呈碱性,去污力很强,比普通自来水拖地要干净;同样的道理,用这种水来冲洗马桶也很干净。

## 403. 洗衣机皮带要调好

洗衣前应及时更换或调整洗衣机的电机皮带,使其松紧适度;洗衣机的皮带若有打滑、松动现象，电流并不减小，但洗衣效果差；调紧洗衣机的皮带，既能恢复原来的效率，又不会多耗电。

## 404. 干燥放置省电多

洗衣机应该尽量放在平坦干燥的地方，这样更能发挥其洗涤效率，从而减少用电量。

## 第三十七章　室外用水

室外用水，看似不起眼，但是日积月累，也是一个不小的数字。

### 405. 草坪浇水学问大

草坪并不是每天都需要浇水的，只有当它需要时浇水才是适宜的。检测草坪什么时候需要浇水的简易方法，可以先站在草坪上，如果抬起脚后，草能自然伸直，就说明还不需要浇水，反之就应及时浇水。天气凉爽时，清晨是浇水的最佳时间。如果天气炎热，通常选择傍晚浇水比较适合。一般来说，一天浇一次水就可以了。另外，在花草树木的根部周围培一层护根的土，可以减少水分的蒸发。一般情况下，没有护根土的草坪的蒸发量是有护根土的草坪的蒸发量的2倍左右。有护根的话每平方米草坪一天浇100升左右的水，没有则每平方米草坪一天就需要浇200升左右的水。

## 406. 浇花省水小窍门

浇花的时间应选择在一早一晚,而不要在中午浇花,因为中午太阳光照强、气温高,浇在花丛中的水易蒸发掉,造成水源的浪费。另外,可采用以下废水浇花:

☆养鱼水浇花。鱼缸每天都要换水,而花草也得每天浇水,这样每天都要用去很多水,用鱼缸换下来的水含有剩余饲料,用它浇花,可增加土壤养分,促进花卉生长。

☆淘米水浇花。淘米水中含有蛋白质、淀粉、维生素等,营养丰富,用来浇花,会使花卉更茂盛。

☆煮蛋水浇花。煮蛋的水含有丰富的矿物质,冷却后用来浇花,花木长势旺盛,花色更艳丽,且花期延长。

☆剩茶水浇花。喝剩的茶水也可以浇花,有一定肥效。不过,茶水不宜浇仙人球之类的碱性花卉,只适宜浇酸性花卉如茉莉、米兰等。

## 407. 不玩费水的玩具

玩具是儿童的亲密伙伴。但是有的玩具(如喷水枪)非常费水,就不值得为孩子推荐,作为家长,应引导孩子不玩类似这样浪费水的玩具。水枪一般可以装满 500 毫升水,玩几次几升水就白白浪费了。还有一些顽皮的青少年,在自来水的龙头下边互相用水大打水仗,水花四溅,十分开心,不知不觉之间,大量的水也被白白浪费了。